发现金属之美

FAXIAN JINSHU ZHI MEI

四川省金属学会 编著

四川科学技术出版社

《发现金属之美》编委会

序

　　科学普及是大众科学，是利用各种传媒以浅显的、通俗易懂的方式让公众接受自然科学和社会科学知识、推广科学技术的应用、倡导科学方法、传播科学思想、弘扬科学精神的活动。习近平总书记在"科技三会"上明确提出："科技创新、科学普及是实现创新发展的两翼，要把科学普及放在与科技创新同等重要的位置。"

　　如今各类媒体繁多，信息过载，科学、伪科学相互交织，大众囿于其中难以分辨。为使大众拨开迷雾，就需要专业权威的机构主导、专业科技人员积极参与，通过正规化、专业化的途径，进行广泛的大众科学普及。

　　2021年起，四川省金属学会组织行业专家、学者历时一年编写了《发现金属之美》科普图册，为材料科学与工程的科学普及做了一件非常重要的工作。《发现金属之美》的编撰过程非常不易。参与编写的专家、学者从事该领域良久，怀着对科学负责的精神，积极参加编写工作。该图册融汇了专家智库、科研机构以及高校等多家单位科技人才的智慧。这本科普图册将呈现给大众57种金属元素——大多是人们日常所能接触和有所耳闻的——内容深入浅出、妙趣横生，宛如57颗璀璨宝石镶嵌书中，大家"寻宝"其间，在学习和享受知识的同时还可展开无尽遐想。作为一名长期从事材料研究的科技工作者，我对四川省金属学会在科普工作上取得的成绩表示祝贺！对科技人员为科普工作的付出表示深深的感谢！

2022 年 7 月

（潘复生，中国工程院院士，重庆市科学技术协会主席，中国材料研究学会副理事长，中国工程科技发展战略重庆研究院院长）

前　言

人类在自然界中进化发展的历程，就是一个认识自然、利用自然和改造自然的过程。早期人类就知道使用天然的石头，并认识到可以通过磨制加工，把石头变成锋利而坚硬的石斧、石刀或石针等来作为日常生产、生活的工具及武器，使生产力得到提升、战斗力得到加强。这个阶段被人类学家称为人类的"石器时代"。

在石器时代，人们已经发现了铜、金及天上飞来的陨铁等天然的金属，但在如何使用金属上并没有更进一步的认识，而是仍然和石头一样地使用。随着社会的发展，人类开始使用火，并发现有些含有金属元素的矿石通过火烧后能得到金光闪闪的金属，这些金属不像普通石头那样脆，可以打造成各种装饰物和实用的器物。这样的发现推动了金属的冶炼和使用，开启了人类改造自然的征程，也标志着冶金时代的来临。

随着人类对金属进一步的认识，金属铜作为一个重要的角色隆重登场了。人们初期冶炼的单纯的铜比较软，所起的作用和应用范围都很有限，但随后人们发现把含锡的矿石和铜一起熔炼，可以得到非常坚韧的锡青铜。锡青铜较单纯铜更为坚韧的性质使人们将其制成各种优良的工具和武器，进而提高了生产力和战斗力。青铜优异的性能使之成为当时人类生产、生活之必需，也成为制作冷兵器的首选之材，极大地推动了人类社会的进步，人类学家就把这个时期称为"青铜器时代"。

随着人类探索的继续，人们开始学会通过对铁矿石的冶炼而得到生铁。由于生铁比较脆，在使用中有很大的局限性，于是人们又在生铁的基础上对生铁进行降碳处理，通过百炼使其成钢。钢铁比青铜更加坚韧，性能也更加优良，用钢铁制成的工具和武器则更加坚强有力，应用范围自然更加广阔，从而逐步取代铜成为新时代的主角，成为工业文明的脊梁。人类为了肯定钢铁的重要贡献和功绩，将这个阶段称为"铁器时代"。由此，对于金属在人类发展史上举足轻重的作用我们可以窥见一斑。

今天，人们从地球上发现了 118 种元素，其中金属元素有 90 多种。金属在人类生活中扮演着极其重要的角色，随着人类对金属的研究和探索越来越深入，金属的应用也越来越广泛。我们可以感知的高楼大厦、隧道、桥梁、飞机、火箭、汽车、高铁、舰船、大炮，乃至于人们生活中的金银首饰、家电工具、生活用品，哪一项没有金属的身影？就连我们的身体中也蕴含着各种必需的金属元素。在人类社会的历史长河中，金属无处不在，它筑起了人类进步的桥梁，使得人类社会在金属构成的宇宙中不断前行。如果要对现在这个时代也定下一个称谓，或许我们可以将其称为"全金属时代"。

在这样一个无处不闪耀着金属光芒的时代，四川省金属学会作为专门从事冶金及金属材料学术活动的科技类社团感到无上的荣光，同时也有义务和责任提高全社会对金属知识与事业的认知，有义务向大众普及金属的相关知识，这是学会光荣的使命。

为了更好地完成这一使命，为了全面实施《全民科学素质行动计划纲要》，四川省金属学会一直坚持"面向大众会员广泛宣传普及科学知识，发动大众会员广泛参与科普作品创作与宣传"的"两广泛"科普工作方略，将科普写在祖国的大地上。近年来，四川省金属学会组织科技工作者编撰了金属材料科普系列丛书，得到社会的广泛好评。

目前，人类已发现金属 90 余种，考虑到其中人工创造的元素有 10 余种，另外稀土和放射性元素又有很大的相似性等较为复杂的因素，我们在本书中只选择了 57 种金属做重点介绍。

在编辑此图册的时候，每一位编者都有仿佛穿越了时空的感觉——与无数科学家们面对面地对话，倾听着他们娓娓道来的如何发现各种金属的美妙故事。这些美好的题材，让编者爱不忍释，但作为图谱又不得不"删繁就简三秋树，领异标新二月花"。一年来，编者们的辛勤创作，终将呈现给广大读者，它将带你开启"发现金属之美"的旅程，让你领略金属的内在之美和外在之美，感受它无尽的魅力！

参与本书编写的作者，主要来自四川省金属学会以及攀钢集团有限公司、四川大学、中国钛锆铪行业协会、攀钢集团研究院有限公司、四川省地质学会、攀钢集团钒钛资源股份有限公司、四川金广实业(集团)股份有限公司等多家单位，他们都是奋战在金属领域和科学普及战线上优秀的科技工作者和教育工作者。

本书是中国金属学会科普活动项目。在编撰过程中，得到了四川省科学技术协会、攀钢集团有限公司、四川大学、重庆大学和重庆材料研究院有限公司等单位领导的关心和支持。

在本书出版之际，著名的潘复生院士为本书写了序言。在此，向所有关心、支持我们的单位、个人表示衷心的感谢！

本书在编撰过程中，参考和借鉴了相关图书文献和网络资料中的部分内容，在此对相关作者一并表示感谢！

受水平所限，书中不妥之处敬请批评指正。

编 者

目录

碱金属

锂(Li)、钠(Na)、钾(K)、铷(Rb)、铯(Cs)所属的这一列元素因其氢氧化物都易溶于水形成强碱而被统称为碱金属。它们相似而又极具个体差异的性质在它们与水的反应速度这一点上，体现得非常有趣：锂元素与水的反应较慢，钠的反应则快得多，钾的反应更快，铷的反应堪称暴烈，铯的反应则可谓疯狂。

碱金属列原子结构具有明显相似性，从表1可以看出，这一列元素的原子最外层都只有1个电子，所以在化学反应中，碱金属元素的原子总是容易失去最外层的1个电子而显+1价。随着原子序数的增大，原子核外电子层数增多、原子半径逐渐增大，原子核对最外层电子的控制力逐渐减弱，使得失电子的可能性逐渐增大，元素的金属性也就逐渐增加。

表2是碱金属元素的物理性质及变化规律，随着原子序数的增加，金属的硬度逐渐降低，密度逐渐增大（钾的密度小于钠的密度出现反常现象，这是因为原子质量增大的作用小于原子体积增大的作用所致），熔点及沸点逐渐降低。

▼ 碱金属在元素周期表里的位置

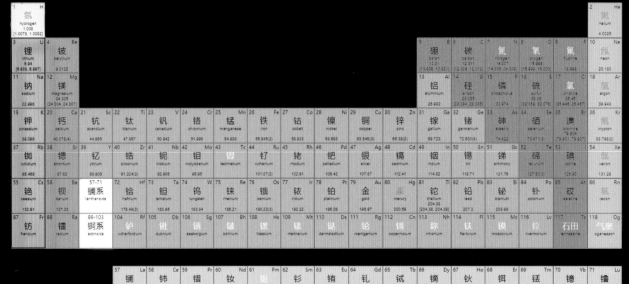

▼ 表 1　部分碱金属元素的原子结构及变化规律

元素名称	元素符号	核电荷数	电子层结构	原子半径 /nm	离子半径 /nm
锂	Li	3	2 1	0.152	0.068
钠	Na	11	2 8 1	0.186	0.097
钾	K	19	2 8 8 1	0.227	0.133
铷	Rb	37	2 8 18 8 1	0.248	0.147
铯	Cs	55	2 8 18 18 8 1	0.265	0.167

▼ 表 2　部分碱金属元素的物理性质及变化规律

元素名称	元素符号	核电荷数	颜色和状态	密度 / (g·cm⁻³)	变化规律	熔点 /℃	沸点 /℃	变化规律
锂	Li	3	银白色、柔软	0.534	除钾外，密度逐渐增大	180.50	1 342	熔点、沸点逐渐降低
钠	Na	11	银白色、柔软	0.97		97.81	882.9	
钾	K	19	银白色、柔软	0.86		63.65	774	
铷	Rb	37	银白色、柔软	1.532		38.89	688	
铯	Cs	55	略带金属光泽、柔软	1.879		28.5	678.4	

锂（Li） 让电动汽车大放异彩

锂	lithium
原子序数	3
熔点	180.50 ℃
沸点	1 342 ℃
密度	0.534 g/cm³

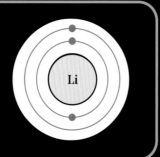

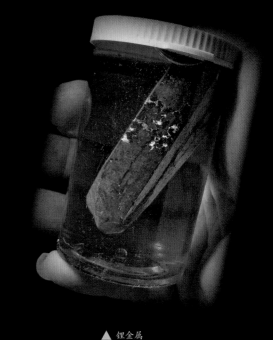

▲ 锂金属

轻飘飘的金属

锂是世界上密度最小的金属元素，化学性质活泼，与其他碱金属元素相比，它的原子质量和半径非常小，但硬度最大、熔点最高，是当下电池的首选材料。

1817 年，瑞典化学家阿·阿尔夫维特桑首先在一种稀有的岩石中发现锂元素，其英文名"lithium"来源于希腊语"石头"一词，表明该元素是在矿物中发现的。目前已知含锂的矿物有150多种，其中主要有锂辉石、锂云母、透锂长石等。锂在地壳中的丰度居第 27 位。

世界上第一块被发现的锂矿石就是 ▶
透锂长石

可充电的美妙世界

从20世纪70年代开始，科学家们致力于发现锂作为电池材料的价值，轻盈的锂离子电池成了各种电池应用的首选。现在，可充电锂离子电池被广泛使用于手机、电动交通工具、医学设备以及工程设备等大型电子设备中。丰田汽车发动机公司宣称将在2022年推出能长时间供能的全固态锂电池以代替之前的液态锂离子电池，这意味着可让电动汽车充满一次电后最多能行驶1 000 km、可让手机充满一次电后使用时间最长达一周。

2019年，三位分别来自美国、英国及日本的锂离子电池研究者因发明了锂电池而获得了诺贝尔化学奖。诺贝尔奖评审委员会在颁奖词中写道："他们创造了一个可充电的世界。"锂电池奠定了无线、无化石燃料社会的基础，从根本上改变了人类的日常生活。

品质保证

持久可靠

漏电保护

锂电池的结构示意图▶

▼ 安装锂电池的新
能源车

锂电池驱动的▶
工业机器人

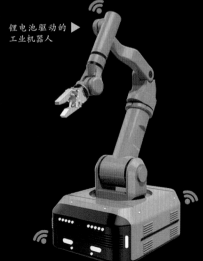

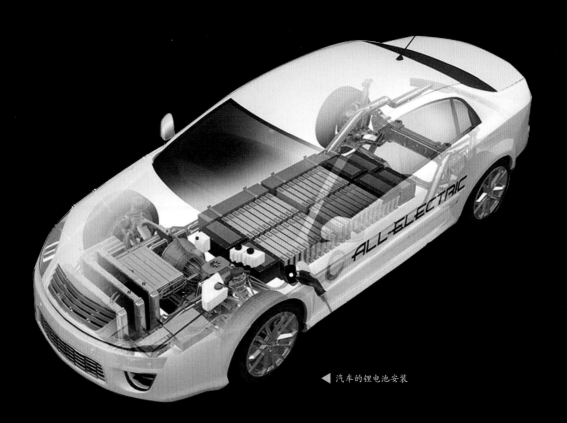

▲ 汽车的锂电池安装

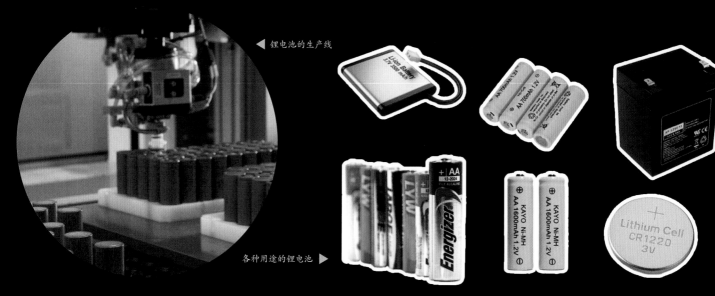

▲ 锂电池的生产线

各种用途的锂电池 ▶

锂的轻巧大有可用

锂及其合金的化合物在原子能、冶金、航空航天等领域应用广泛，如锂镁合金、锂铝合金。这些合金强度高、重量轻，既能抗腐蚀，又能耐高温、耐冲击，还可以防止高速辐射粒子的穿透。锂的化合物也有许多用途，其中最值得注意的是锂的氢化物——氢化锂，这是一个很实用的储藏氢的"仓库"。

锂是一种宝贵的能源金属。值得庆幸的是，在我国，青海省的锂资源丰富，据说其储量占了全球锂储量的60%以上，那些灿如星辰大海的锂盐湖为人类蕴藏着无尽的财富。

▼ 锂是如何进入盐湖的

盐滩所在处干燥而炎热的条件加之排水不良，导致大量进入这些区域的锂集存下来。

风吹来的尘埃

蒸发

火山碎片

盐滩

盐滩中含锂的卤水

风化的古老岩石

盆地卤水对流

富锂熔融岩浆

→ 锂进入

▼ "C919"大型客机前机身大部段采用第三代铝锂合金材料

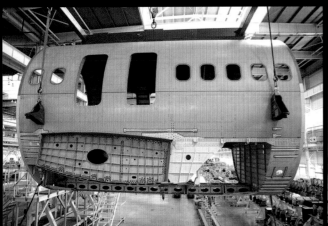

▼ "C919"整体

钠（Na） 躲在食盐里的金属

钠	sodium
原子序数	11
熔点	97.81 ℃
沸点	882.9 ℃
密度	0.97 g/cm³

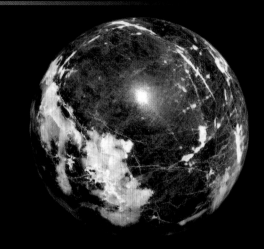

▲ 方钠石

碱金属元素的代表

▼ 煤气上的黄色火焰是钠的焰色

你见过"人造彗星"吗？这种学名"钠云"的人造彗星是由处于原子状态下的钠蒸气形成的。据说有科学家在宇宙火箭上装了一种特制的钠蒸发器，能使金属钠迅速蒸发，在宇宙空间近于真空和不受重力的情况下喷出钠云。钠云在日光的照射下变得很亮，同时由于逐渐扩散可以形成像彗星那样的形状，看上去就如真彗星一样美丽，让人"真假难辨"。

我们每天都要吃的食盐是氯化钠，里面就藏着金属钠。钠单质是闪着银白色金属光泽的固体，遇水会剧烈反应，生成氢氧化钠和氢气并产生大量热量；量多而存放不当时会导致自燃或爆炸。钠体轻质软，室温下可用小刀切割。其化学性质非常活泼，能够和大量无机物、绝大部分非金属单质及大部分有机物反应。钠原子最外层只有1个电子，很容易失去，有很强的还原性。钠在空气中燃烧时发出黄色火焰；在

中国人民邮政

化学工业科学家侯德榜

一八九〇——一九七四

NaCl

NH₃

CH₄

$NaCl + NH_3 + CO_2 + H_2O \longrightarrow NaHCO_3 + NH_4Cl$

$2NaHCO_3 \xrightarrow{\Delta} Na_2CO_3 + CO_2 + H_2O$

20分

J.173.(4-3)

1990

◀ 侯德榜，中国化学工业的开拓人

金属钠单质 ▶

▼ 据说"钠云"看上去和彗星一样漂亮

低温下性脆，易导热、导电；在光照下发射电子，具有明显的光电效应；在与其他物质发生氧化还原反应时，作还原剂。

金属钠的发现者戴维将钠命名为"sodium"，因为钠是从碳酸钠（soda）中得到的。中国人将碳酸钠又称为"纯碱"。近代工业中的纺织、肥皂制造、造纸、玻璃生产、火药生产等都需要大量用到它。世界制碱工业始于18世纪末，主要原料是钠盐。古人曾从草木灰中提取碱液，从盐湖水中取得天然碱，但其过程艰苦且收获甚微。现代制碱工业经历了一系列艰难的改革和创新后，终于打开制碱业的新局面，其中，法国人 N. 路布兰，比利时人 E. 索尔维，中国人范旭东、侯德榜等做出了突出的贡献。

20 世纪初期，我国化学工业之父范旭东在天津创办了中国第一家制碱厂——永利制碱公司；化学家侯德榜创造性地改进了当时著名的氨碱制碱法——索尔维制碱法，并在此基础上创造了"侯氏制碱法"，这种方法开创了世界制碱工业的新纪元。

▼ 死海的盐

海水中含量最高的金属元素

钠在地壳元素丰度排名中位居第 6，但却是海水中含量最高的金属元素，钠在海水中以离子形式存在，1 kg 海水中约含钠离子 10.62 g。钠的化学性质非常活泼，人们生活中常见的食盐就是钠与氯元素的结合体。海水因氯化钠含量太高，导致无法直接食用，其密度也因此而大于淡水；海水还因此成为腐蚀性较强的电解质溶液，会对金属船舶造成腐蚀。死海的含盐量因是普通海水的 10 倍，所以人在死海里即使不会游泳也会漂浮起来。

海水中的氯化钠含量丰富，它们在大海里能把船腐蚀得千疮百孔、锈迹斑斑 ▶

在生命活动中举足轻重

钠在人类的生存和发展中有着举足轻重的作用。如果你对钠还比较陌生，那你一定熟悉氯化钠，因为，氯化钠即我们生命中不可或缺之物——食盐的主要成分。"如果你对历史有研究，也许会发现一个秘密，中外早期历史上的大多数战争都或直接或间接地与盐有关"。据传说，我国最早的战争就是黄帝、炎帝、蚩尤为争夺山西运城地区的盐池而发动的；美国独立战争中，英国通过切断盐的供应，制约和延

▼ 据传说，5 000 多年前，为争夺山西运城盐田，黄帝、炎帝、蚩尤曾在此进行了一场大战

迟了美国的独立进程。波兰的维利奇卡盐矿被联合国定为世界文化遗产之一。这个从 13 世纪起就开采的欧洲最古老的盐矿，里面还藏了座独一无二的地下大教堂。维利奇卡盐矿全长超过 300 km，已经开采了 9 层，是欧洲最古老且目前仍在开采的盐矿之一。里面有许多用盐精雕而成的雕像和装饰品，拥有"最接近地心"的教堂。

钠是人体中一种重要且不可或缺的无机元素。它是细胞外液中带正电的主要离子，人体中最重要的电解质，参与水的代谢，保证人体内水及酸碱的平衡，调节人体内的水分与渗透压，是胰液、胆汁、汗液和泪水的重要组成成分。钠还能增强人体神经兴奋性，参与心肌和神经的功能调节。

▼ 盐的艺术宫殿——维利奇卡盐矿

烈性金属钠在现代工业上的应用

金属钠主要用于生产含铅汽油添加剂和石油脱硫剂、氧化剂、漂白剂、染料、农药、医药中间体、催化剂，以及有机化合物生产时需用到的钠化合物。高压钠灯一直被广泛用于隧道、公路照明，不过现在正逐步被 LED 灯所取代。医药工业方面，钠主要用于生产西力生、维生素 B_1、咖啡因等医药产品。钠也用于合成靛蓝染料和染料中间体。化学品叠氮化钠主要用金属钠生产，它在受到冲击的时候会迅速释放氮气，这个特性使其被用于安全气囊……可见，钠对人类真的非常重要！

金属钠还是工业中重要的还原剂，它能把锆、钒、铌、钽、钛等国防工业上有重要用途的金属元素从化合物中置换出来。钠和钾组成的合金在常温时是液体，它的密度、黏度小，比热容大，导热率高，可用于快中子增殖反应堆作为冷却剂和热交换流体。核级钠具有高于多数金属的比热容和良好的导热性能，能够适应核反应堆的特殊条件，同时价格较低，所以是理想的冷却剂。世界上已经建成运行的快堆如法国的凤凰堆、超凤凰快堆，以及俄罗斯的"BH-600"快堆，都是用核级钠做冷却剂；我国实验快堆也采用核级钠作为冷却剂。日本曾耗巨资开发出"常阳号"实验堆，而后又建成了"文殊号"原型堆，都使用钠作冷却材料。

▲ 化学品叠氮化钠主要用金属钠生产，其最大的用途就是生产安全气囊

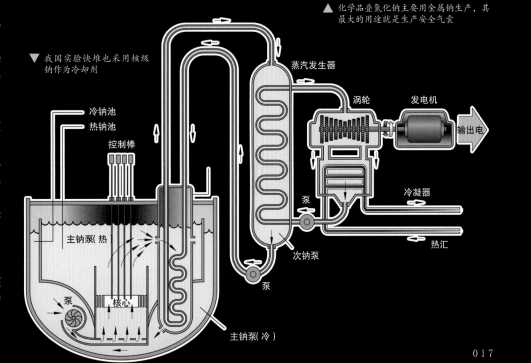

▼ 我国实验快堆也采用核级钠作为冷却剂

冷钠池
热钠池
控制棒
蒸汽发生器
涡轮
发电机
输出电
主钠泵(热)
泵
冷凝器
次钠泵
热汇
泵
核心
主钠泵(冷)

天然宝库——中国最大盐湖

除海水之外，盐湖也富集了氯化钠等多种盐类。察尔汗盐湖是我国最大的盐湖，也是世界最大的天然盐湖之一，该湖内各种盐类资源的总储量超过600亿t。曾有人估量，如果用该盐湖中的盐架一座厚6 m、宽12 m的盐桥，这座盐桥能从地球通到月球。察尔汗盐湖中储藏着500亿t以上的氯化钠，可供全世界的人食用1 000年。

漂亮的察尔汗盐湖盐花 ▶

▼ 这座位于察尔汗盐湖上长32 km的盐桥，因长达万丈而被誉为"万丈盐桥"

钾（K） 比水还轻的金属

钾	kalium
原子序数	19
熔点	63.65 ℃
沸点	774 ℃
密度	0.86 g/cm³

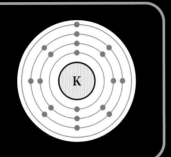

钠钾"双兄弟"

金属"比水轻"，这在19世纪初简直是让人不可理解的事情。直到1807年，英国的H.戴维用电解氢氧化钾熔体的方法制得较纯净的金属钾，这才使"比水轻的钾是金属"这一点得到公认。1907年，人们还为此召开了一百周年纪念会。钾的化学性质太活泼，中国科学家在命名此元素时，因其活泼性在当时已知的金属中居首位，故用"金"字旁加上表示首位的"甲"字而造出"钾"这个字。

钾和钠性质相似——都很轻，都具有同样的银色光泽，都能浮在水上，都只能保存在煤油里——像一对孪生兄弟。

保存在煤油里的金属钾 ▶

超过 90% 的钾化合物被用于制造化肥

钾元素以盐的形式广泛分布于陆地和海洋中，在地壳元素丰度排名中位居第 7 位，在海水中的含量排名中位居第 6 位。钾长石矿是含钾量较高、分布最广、储量最大的非水溶性钾资源。我国的钾长石矿源达 60 个，其平均氧化钾含量约为 11.63%，储量约达 79.14 亿 t。

钾在自然界以化合物形式存在，钾的多种化合物自古以来便为人所熟知。公元前 16 世纪，世界最早的玻璃制造者埃及人就用含钾的石英砂与苏打制造玻璃。后来，人们把钾的化合物用于火药制作、肥皂加工及染色工艺。如今，钾被广泛用于制作发酵粉、食品防腐剂、清洁剂、玻璃、药物和医用设备中。

钾是生命体所必需的矿物元素，植物的三大营养元素之一，超过 90% 的钾化合物被用于制造化肥。

人体内的钾总量大约为 175 g，主要功能是维

▼ 钾长石

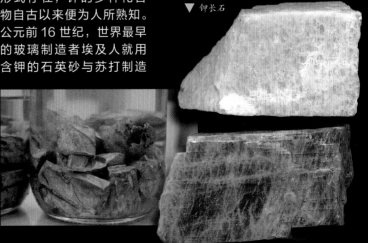

持细胞的新陈代谢及神经细胞对外界刺激的正常反应，也是人体肌肉组织和神经组织中的重要成分之一。

金属钾年产量仅在200 t左右，其大都转化为过氧化钾，用作潜水艇和宇航飞船中的氧气再生剂。

钾和臭氧反应生成臭氧化钾，遇到二氧化碳会自动放出氧气，可以作为急救用的氧气源。潜水员、矿工、太空飞行员戴上过氧化钾面具可以保证氧气的供应。钠钾合金作为冷却剂在核工业中已得到广泛应用。

▼ 太空飞行员戴上过氧化钾面具可以保证氧气供给

▶ 钾长石在玻璃工业中的用量占钾长石总用量的50% ~ 60%

▼ 药用氯化钾

氯化钾缓释片
Potassium Chloride Sustained-release Tablets
【用法用量】成人每次0.5-1g(1-2片)，每日2-4次，饭后服用，并按病情需要调整剂量。一般成人每日最大剂量为6g(12片)，对口服片剂出现胃肠道反应者可改用口服溶液，稀释于冷开水或饮料中内服。
【包 装】药用PVC硬片、铝箔泡罩包装，48片/盒。
本品应吞服，不得咬服。

▼ 钾钠合金是液态的

▼ 香蕉富含钾元素

▲ 盐湖的采盐活动

钾肥主要有氯化钾、硫酸钾、草木灰、钾泻盐等。
钾肥能促使作物较好地利用氮,增加蛋白质的含量,
使核仁种子和茎根增大,茎秆强健,提高抗病虫、
耐旱、耐寒和抗倒伏的能力。

你知道吗?

K 钾

所有粮食作物都含有
钾,钾能提高作物细胞
壁的稳定性,并影响渗
透压和膨压,因此有助
于作物抗倒伏

钾能提高细胞中的糖浓
度,让果实更甜。钾对
作物高产意义重大

钾能帮助作物利用氮
元素平衡生长,对确保
作物健康十分重要

钾盐可作为抗冻剂,提
高作物耐霜能力,这对
冬季植物尤其有利

钾对调节作物含水素有着基础作用,能帮助作物更好地应对干旱

全球最大的钾盐宝库

之前，我国已探明钾盐资源储量仅占世界的2%，钾盐资源匮乏。作为世界上最大的钾肥消费国，资源储量与消费量之间的巨大反差，给我国的农业发展带来不小的阻碍。

如今，科学家在我国发现了全球最大的钾盐宝库——罗布泊。这块被称为"死亡之海"的区域之下的高盐卤水中蕴藏着大量影响农作物生长的必需元素——钾。罗布泊钾盐湖的发现和开采，使原本钾资源严重匮乏的中国成为国际钾肥的重要生产国，钾肥价格从每吨6 000多元降到每吨2 000多元。 从这里源源而出的钾肥占据了国内钾肥市场一半的份额，所以你所吃的粮食很可能跟遥远的罗布泊有着千丝万缕的联系。

▼ 世界第二大的察尔汗盐湖含有丰富的钾，每年可为我国提供数百万吨钾肥

▼ 海水中也蕴藏着丰富的钾

铷（Rb） 北斗导航系统的"心脏"元素

铷	rubidium
原子序数	37
熔点	38.89 ℃
沸点	688 ℃
密度	1.532 g/cm³

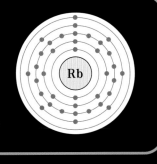

▲ 发现铷的德国科学家
本生（1811—1899）

光谱的发现之一

1861年，德国科学家本生和基尔霍夫用他们首创的光谱分析方法，继发现铯以后，又发现了一种呈深红色光谱的新元素——铷。"深红色"的拉丁文单词是"rubidus"，于是新元素就被命名为"rubidium"。本生与基尔霍夫创立的分光化学研究为近代化学开辟了新的研究领域。

铷是一种质软的银白色蜡状金属，性质介于其上方的钾与下方的铯之间，极为活泼，通常存储于密封的玻璃安瓿瓶中。铷属于轻稀有金属元素，在地壳中的含量十分稀少，自然界中没有独立的矿物。铷的获得主要来自锂和铯提取时的副产品，即主要来自锂云母和铯榴石的开发以及盐湖卤水中。金属铷的价格不菲，目前高达约 775元 /g。我国的铷资源量以新疆维吾尔自治区居首，占全国资源量的 48%。

▲ 含铷的硼锂铍矿石

优异的光电效应

在众多稀有金属资源中，铷因其具有其他物质不可替代的极为优异的光电效应和特殊性能，被广泛应用于光电管、电光源、X 射线图像增强器、生物工程、转换晶体、时间频标、特种陶瓷、催化剂、催化剂添加剂、催化剂复活剂、离子推进发动机、激光能转换电能、离子云长途特种通信以及其他特殊领域。

▲ 保存在特殊容器里的铷

独特的电磁效应

科学家利用铷原子的最外层电子很不稳定，易被激发放射出来，从而失去价电子形成带 +1 电荷的阳离子的特性，优化了磁流体发电、热电离子转换发电这两种发电方式。磁流体发电是使加热到 2 000 ℃以上高温的具有导电能力的气体，以每秒 600~1 500 m 的速度通过磁极，凭借电磁感应而发出电来。热电离子转换发电是从加热一头的电极发出电子，而由另一头的电极接受，在两个电极之间接上导线，就会有电流不断产生和通过。一般核电站的总效率为 30% 左右，而结合了铷的磁流发电体后，可将其总效率提高到 60% 左右。铷还可用于航天飞行器中，如果使用铷和铯的离子推进剂驱动宇宙飞船，只要携带 500 g 的量就可以实现今天所用固体燃料的约 150 倍航程。

铷较早用于电子器件，当前这仍是铷的主要应用领域之一。由于铷具有强正电性和光敏性，易被可见光、红外线、紫外光离子化而发射光电子，可用

▼ 医用 X 射线影像增强器电视系统

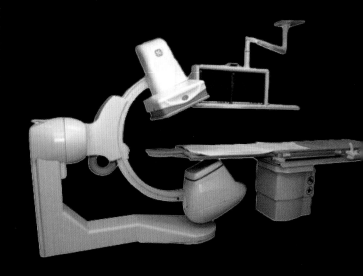

来接通电子回路，因此在一些光电池中作光导材料，用作高效光电导体；在红外瞄准镜和夜视镜中则被用作不可见光信号的红外灯。含铷光电阴极的光电倍增管，被广泛用于探测紫外线、红外线及射线。

铷化合物可用作生产特种玻璃的添加剂。添加铷的玻璃，主要用于玻璃纤维质透镜，如医用内镜、纸质复印机透镜、透红外线玻璃纤维、超透射性可见光—中红外导波玻璃、太阳能吸收玻璃、步程玻璃、光程玻璃、光色玻璃等。

氯化铷主要用于脱氧核糖核酸（DNA）、病毒及其他大分子超速离心分离的密度—梯度介质。^{87}Rb 的衰变产物为 Sr，^{87}Rb 主要用于放射性测定和试验性药物的示踪物质。

氢氧化铷则可作为碱性蓄电池电解质添加剂，以改善电解质低温性能，使其工作温度可低达 −50 ℃。

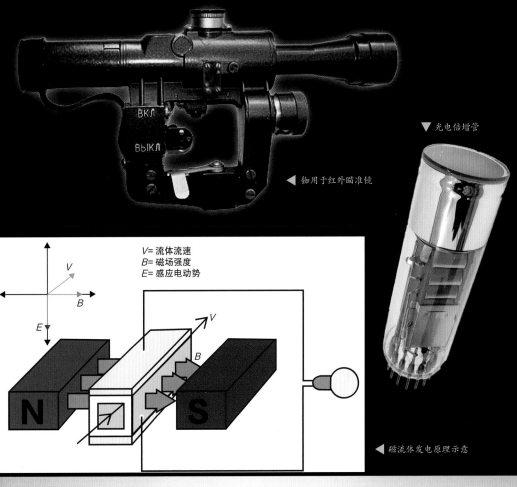

▲ 铷用于红外瞄准镜

▼ 光电倍增管

V= 流体流速
B= 磁场强度
E= 感应电动势

◀ 磁流体发电原理示意

含铷的特种玻璃 ▶

北斗导航系统的"心脏"元素

铷作为稀贵金属，在高科技领域大放光彩，它已是我国北斗导航系统的"心脏"元素了。导航系统上的星载原子钟，其研发涉及量子物理学、电学、结构力学等众多学科，目前国际上仅中国、美国、俄罗斯等少数国家具有其独立研制能力。我国发射的"北斗三号"卫星配置的新一代铷原子钟，计时精度达到百亿分之三秒，其频率稳定度较"北斗二号"系统提高了10倍，达到世界先进水平。

铷原子钟的原理就是将高稳定性铷振荡器与GPS高精度授时、测频及时间同步技术有机地结合在一起，使铷振荡器输出频率同步到GPS卫星的铯原子钟信号上，提高了频率信号的长期稳定性和准确度，能够提供铯钟量级的高精度时间频率标准。

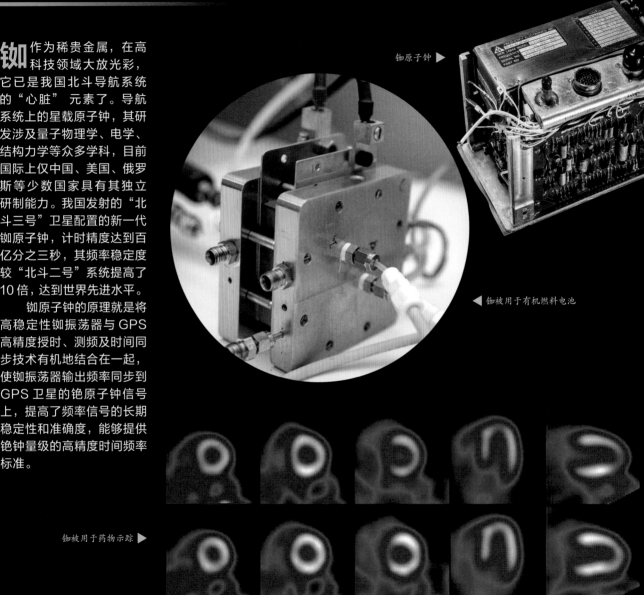

铷原子钟 ▶

◀ 铷被用于有机燃料电池

铷被用于药物示踪 ▶

铯（Cs） 时间的度量元素

铯	cesium
原子序数	55
熔点	28.5 ℃
沸点	678.4 ℃
密度	1.87 g/cm³

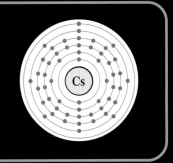

光谱"魔眼"的发现

发现铯的工具是光谱。借助这只"魔眼"，德国科学家本生和基尔霍夫于 1860 年在试验研究中发现了一种具有独特蓝线光谱的元素，并以拉丁文"caesius"（意为天蓝色）将其命名为铯。

铯是拥有极其罕见的亮金色的碱金属，是最软的金属，又是仅次于汞的易熔金属，熔点只有 28.5 ℃，具有优异的光电性能。铯和铷的主要物理性质相近，而化学性质比铷更活泼。铯以盐的形式极少分布于陆地和海洋中，地壳中含量仅为百万分之七。铯榴石是主要含铯矿物，也是提取铯的主要原料。现已发现 34 种铯的同位素，除 ^{133}Cs 是唯一存在于自然界的稳定同位素，其余皆是铀裂变产生的放射性同位素。物以稀为贵！现在，全世界铯的年产量都只有几千克而已！因此，铯有多贵重，你能想象吗？

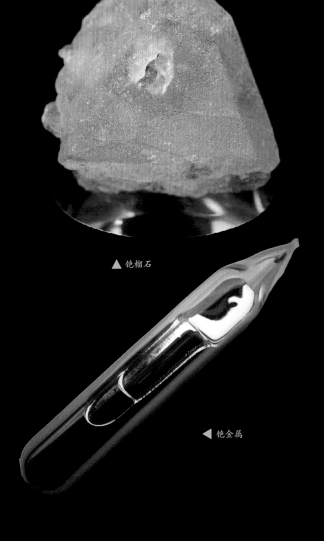

▲ 铯榴石

◀ 铯金属

世界计量基准时钟

1967 年，国际计量大会规定 ^{133}Cs 同位素的两个超精细电子迁跃 9 192 631 770 次所需要的时间为 1 s，所以，^{133}Cs 被普遍地选作制造精密原子钟的材料。铯原子钟是世界基准时钟计量器具，其固有频率是所有系统中的基准频率。

卫星导航系统需要基于时间频率的测量来实现位置、速度和时间的确定，因此，高精密的时间频率体系是卫星导航的基石。目前，我国研制并正在使用的铯原子喷泉钟，测量精度已经可以达到 3 000 万年不差 1 s。与正在使用的铯原子喷泉钟相比，新一代铯原子喷泉钟有望达到 1 亿年不差 1 s，可为中国北斗星全球定位系统的地面时间系统提供更好的计量支持和服务。

▲ 铯原子钟

离子火箭发动机的理想"燃料"

为 了探索宇宙，人们迫切地需要有一种崭新的、飞行速度极快的交通工具——一般的火箭、飞船最多只能冲出地月系，其速度远远达不到要求；只有每小时能飞行十几万千米的"离子火箭"才能满足要求。

铯原子的最外层电子极不稳定，很容易因被激发失去最外层电子而变成带正电的铯离子，所以是离子火箭发动机的理想"燃料"。铯离子火箭的工作原理是：发动机开动后，产生大量的铯蒸气；铯蒸气经过离化器的"加工"，变成了带正电的铯离子；铯离子在磁场的作用下加速到每秒 150 km，并从喷管喷射出去。这就给离子火箭以强大的推动力，

▲ 高精密的时间频率体系是卫星导航的基石

把火箭以高速推向前进。

计算表明，用铯离子作宇宙火箭的推进剂，单位重量的铯离子产生的推力要比使用单位重量的液体或固体燃料高出上百倍。这种铯离子火箭可以在宇宙太空遨游一两年甚至更久！这不是幻想，随着科学家的不断努力，人类必将对宇宙深处有更多的了解。

▼ 想象一下，用铯离子火箭发射宇宙飞船，人类到太空深处去旅行

▼ 今后可以用离子火箭原理发射推力强劲的导弹

钫（Fr） 世界上最不稳定的天然元素

钫	francium
原子序数	87
熔点	27 ℃
沸点	677 ℃
密度	1.87 g/cm³

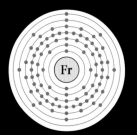

肉眼不可见的元素

钫位于碱金属元素列最后一个，是一种具有放射性的银白色质软金属。就化学性质而言，钫本应该是最活泼的碱金属，但受相对论效应的影响，钫的金属性不如铯，金属活动性更是弱于钾和钡。

钫是一种放射性元素，它最稳定的同位素半衰期只有 21.8 min，是一种肉眼看不到其单质的元素。钫在自然界中罕见，天然存在于铀矿物中，是地壳中除砹之外的第二稀有的元素。在任何时刻，整个地壳中存在的钫都不会超过 28.35 g，而下一时刻，刚才这 28.35 g 的钫已经不是它了。

如果你严密地观察，也许能看到这块钍石矿中可能含有一个钫原子

最后一个被发现的自然存在的元素

法国女化学家佩雷继居里夫人之后持续对锕的放射性衰变进行研究。1939年，她在锕的同位素 ^{227}Ac 的 α 衰变产物中发现了87号元素，为了纪念她的祖国，佩雷把87号元素命名为"francium"，元素符号为"Fr"。钫是最后一个被发现的自然存在的元素。

应用尚未可知

由于极不稳定和稀有，目前钫还没有进入商业应用，只用于生物学和原子结构的研究。

钫对我们来说，几乎就是一片空白。不知今后的科学家们会给我们带来什么样的惊喜？

▲ 据说磁光陷阱可以保持钫原子

人们期待对钫的生物研究有更多进展 ▶

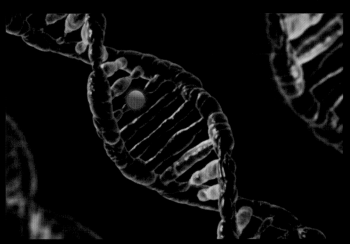

碱土金属族包括铍（Be）、镁（Mg）、钙（Ca）、锶（Sr）、钡（Ba）、镭（Ra）6种元素．这些元素的原子最外层均有2个电子，其金属键较碱金属族更为强健，因此有着更高的熔点和沸点。如锂的熔点为180℃，而铍的熔点则高达1287℃。

与碱金属族相同，碱土金属族的各元素所对应的氢氧化合物的水溶液也呈强碱性，但是这些氢氧化合物的溶解度一般较小或不溶于水。碱土金属列越向下其元素性质越活泼，一般的只能用电解方法制取。碱土金属单质为灰色至银白色金属，硬度比碱金属略大，导电性和导热性能较好，容易同空气中的氧气、水蒸气、二氧化碳作用，在表面形成氧化物和碳酸盐。

▼ 碱土金属在元素周期表里的位置

铍（Be） 可可托海3号矿坑富含的宝藏

铍	beryllium
原子序数	4
熔点	1278 ℃
沸点	2970 ℃
密度	1.85 g/cm³

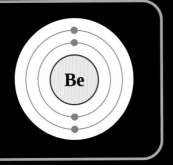

▲ 含铍的绿柱石和铍金属珠

源自绿柱石

铍 是碱土金属中排在首位的元素，化学性质活泼，既轻又硬，能溶于酸也能溶于碱，表现出特殊的两性。金属铍呈灰白色，具有密度低、熔点高、延展性强、X射线透射性好等诸多优异的性能。

1798年，法国化学家沃克兰在绿柱石里首先发现铍，"beryllium"这一词便是来自绿柱石。含铍的矿石多是透明的、色彩美丽的绿柱石变种。结晶非常好的绿柱石可被制成珍贵的祖母绿及海蓝宝石等，而普通的矿物则可用于提炼金属铍。

在所有的金属中，铍透过X射线的能力最强——有金属玻璃之称——因此铍是制造X射线管小窗口不可取代的材料。铍量轻质硬的特性还使其适用于制作太空望远镜。

▲ 安装在X射线管上的铍箔窗口

太空望远镜 ▶

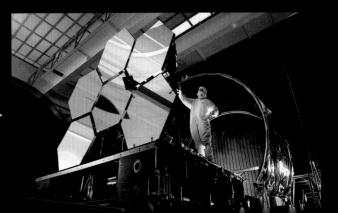

超级金属

当用粒子轰击铍时，可产生中子，故铍可用于核武器装置及各种核反应堆的反射体材料、减速材料和中子源材料。1945年美国投掷在日本长崎的钚原子弹，就使用了铍作为中子反射镜。

含铍1%~3.5%的青铜叫作铍青铜。铍青铜"百折不挠"，抗腐蚀性好，有很高的导电性，常被用来制造深海探测器和海底电缆，对海洋开发极具意义。

铍是最奇异的元素之一，各种铍化合物和铍合金有着不同的性能，是原子能、火箭、导弹、航空、宇宙航行以及冶金工业中不可缺少的宝贵材料，有"超级金属""尖端金属""空间金属"之称。

尽管铍和铝有许多相似的化学性质，但两者在人体内产生的生理作用极不相同，铍及其化合物对人体有较大的毒性。

▼ 陀螺仪上包含铍的部件

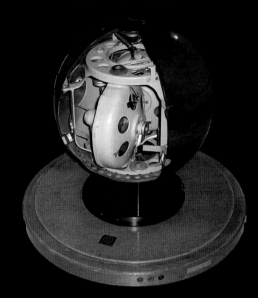

▼ 复杂的铍导弹陀螺仪安装在各种导弹上

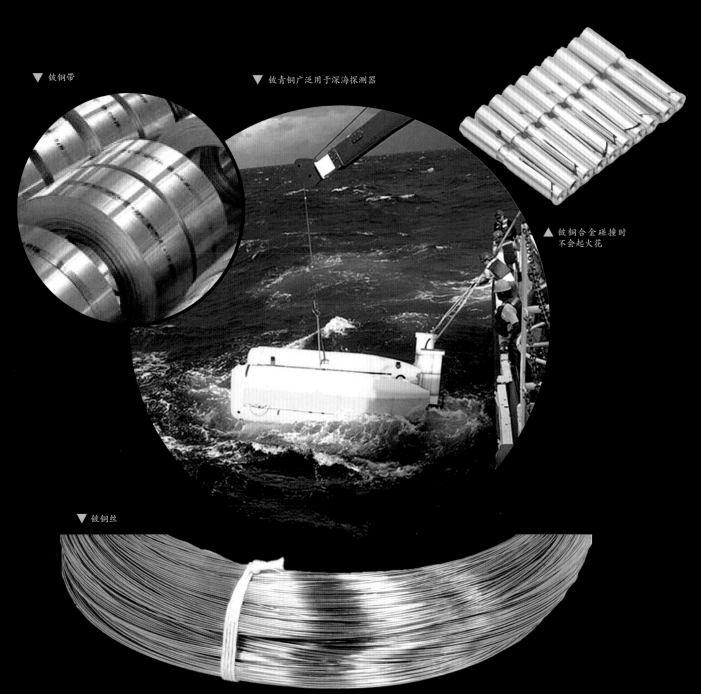

▼ 铍铜带

▼ 铍青铜广泛用于深海探测器

▲ 铍铜合金碰撞时
不会起火花

▼ 铍铜丝

可可托海的秘密

▲ 在我国广袤无垠的大地上，还蕴藏着更多的"3号矿坑"

我国新疆维吾尔自治区的可可托海是中国最早发现铍矿的地方，是中国铍工业的发端，其铍资源量位居全国首位。富含铍元素的绿柱石从这里开采出来，几经冶炼变成铍珠、铍块、铍壳……最终成为罗布泊升腾的蘑菇云，成为从西昌、酒泉腾飞的火箭。

可可托海3号矿坑盛产世界上已知的140多种有用矿物中的86种矿物，其中稀有金属占到矿山储量的九成以上；铍、锂、钽、铌、铯等稀有金属为我国成功研制第一颗原子弹和氢弹立下了卓越功勋。20世纪60年代，靠着对这一矿坑的开发，我国还偿还了当时近1/3的外债。

▼ 可可托海3号矿坑——中国铍工业的发端

镁（Mg） 21 世纪的绿色工程材料

镁	magnesium
原子序数	12
熔点	648.4℃
沸点	1107℃
密度	1.74 g/cm³

▲ 含镁的矿物

来自苦土的活泼元素

▼ 浩瀚的海洋里蕴藏着取之不尽用之不竭的镁

镁是一种亮灰色的碱土金属，密度只有1.74 g/cm³，比铝还轻得多。镁具有较强的还原性，能与水反应放出氢气，能在二氧化碳中燃烧。镁蕴藏量丰富，在地壳中的含量为2%左右。与铝分布在地壳中不同，镁主要分布在地幔中，在海洋里也不少——我们在大海里游泳时，若嘴里不慎进了海水，除了感觉到氯化钠的咸味之外，还有一种苦味，这就是氯化镁的味道。镁是自然界分布最广的十大金属之一。我国是世界上镁资源最为丰富的国家，储量、产量均居世界第一。

镁（Mg）的名称来自于希腊 Thessaly 地区的古城邦名"Magnesia"，因为在这个城市附近出产苦土——"magnesiaalba"，即白色氧化镁。1755 年，英国化学家约瑟夫·布莱克辨别了石灰（氧化钙）中的苦土（氧化镁），第一次确认镁是一种元素；但直到 1808 年，英国化学家戴维采用电解苦土的方法才分离出金属元素镁。

▲ 含镁的矿物

含镁的矿物 ▶

生命活动的激活剂

镁在自然界中是以化合盐形式存在的，白云岩、菱镁矿、水镁矿和橄榄石以及海水、天然盐湖水都含丰富的镁资源。镁单质是一种既有强度又有亮度的银白色金属，在空气中燃烧时火花四射，十分美丽，因此烟花中通常都掺有一定量的镁粉。

镁是作物生长所必需的中量元素之一，是组成叶绿素的核心元素。没有镁就没有叶绿素，也就没有绿色植物，没有粮食和青菜。

镁及镁合金具备生物医用材料要求的优异力学性能和生物相容性，能自主降解，因此可作为植入性医疗器械而应用在骨科和心血管等领域。

镁属于人体营养素，在人体运动过程中扮演着十分重要的角色。镁可激活人体 325 个酶系统，镁被称为生命活动的激活剂是当之无愧的。近年来，国外有科学家提出，人到中年后要"镁"食，即要多食含镁丰富的食物，避免人体由于镁的降低引发各种疾病。

▼ 叶绿素让植物呈绿色并能进行光合作用。叶绿素活性中心含有镁离子

最轻质的金属工程材料

镁合金是最轻的金属工程材料之一，具有重量轻、比强度高、减振性好、热疲劳性好、不易老化、导热性良好、电磁屏蔽能力强，以及压铸工艺性能非常好等特点。同时，由于镁合金易于回收，且适应了电子、通信器件高度集成化和轻薄小型化的发展趋势，成为电子信息、通信、计算机、声像器材、手提工具、电机等产品外壳的理想材料。镁在发达国家的汽车零部件、笔记本电脑等便携电子产品方面的应用，每年都在增长。

国内外许多著名车商则早已将镁合金应用于汽车制造业。欧洲汽车用镁占其镁总消耗量的14%，我国汽车行业中镁合金的应用也正以20%的速率快速增长。如今，技术人员通过研究提高镁合金耐高温、低蠕变及抗腐蚀等性能，以期达到更好地减重节能、降低污染、改善环境的目的。通常，一套铝合金轮毂质量约44 kg，而一套镁合金轮毂则可以做到质量约22 kg，只有铝合金的一半。

在以低碳、环保、可持续性为社会发展主题的今天，镁合金作为新型材料，迎合了社会发展的需要，被广泛应用于汽车、轨道交通装备、3C产品、航空航天、军民用品等领域，被称为21世纪绿色工程材料。

▲ 金属镁

镁合金相机机身 ▶

◀ 镁合金大量运用于3C产品

▼ 镁合金在汽车轻量化中的运用

▼ 镁合金轮毂

名副其实的国防金属

▼ 世界著名金属学家及材料科学家师昌绪给重庆大学国家镁合金材料工程技术研究中心题词

镁所具有的轻质特性决定了镁合金是生产航天器、军用飞机、导弹武器、高机动性能战车、核动力装置、船舶等必不可少的结构材料，是实至名归的国防金属。如一架超音速飞机约有5%的构件使用了镁合金。镁已经成为全球应用第三广泛的金属，仅次于铁和铝。

世界著名金属学家及材料科学家师昌绪为重庆大学国家镁合金材料工程技术研究中心题词，指出镁将成为21世纪材料开发的重点，高屋建瓴地提出了大力开发金属镁材料是可持续发展重要保证的论断。

▲ 镁合金汽车用件

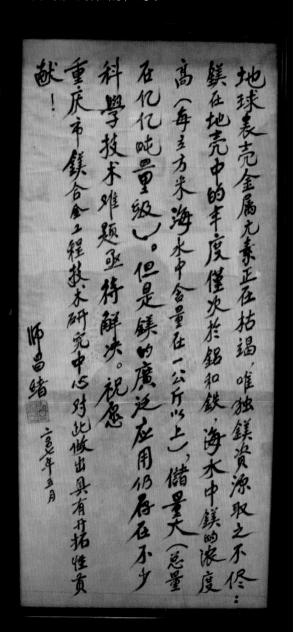

地球表壳金属元素正在枯竭，唯独镁资源取之不尽：镁在地壳中的丰度仅次于铝和铁，海水中镁的浓度高（每立方米海水中含量在一公斤以上），储量大（总量在亿亿吨量级）。但是镁的广泛应用仍存在不少科学技术难题亟待解决。祝愿重庆市镁合金工程技术研究中心对此做出具有开拓性贡献！

师昌绪
二〇〇〇年三月

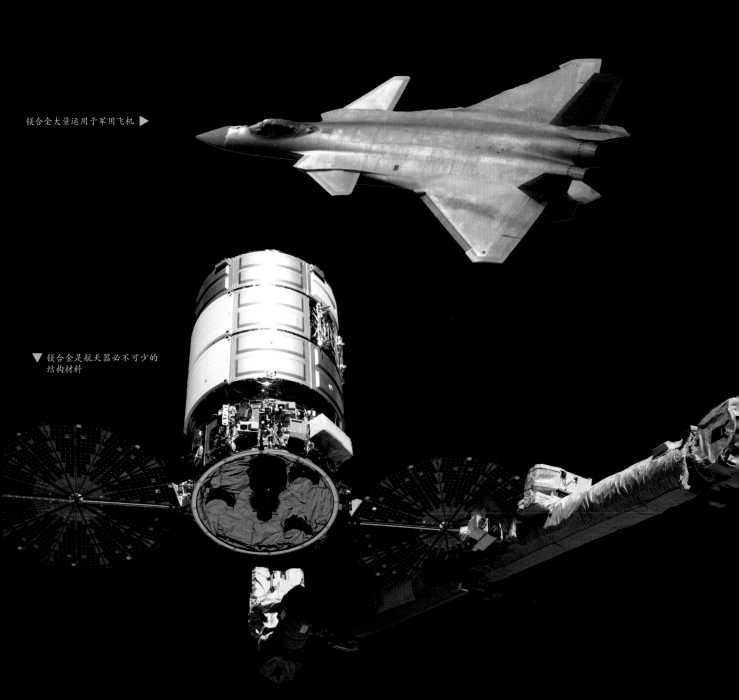

镁合金大量运用于军用飞机 ▶

▼ 镁合金是航天器必不可少的
　结构材料

钙（Ca） 人体中含量最高的金属元素

钙	calcium
原子序数	20
熔点	842~848 ℃
沸点	1 484 ℃
密度	1.54 g/cm³

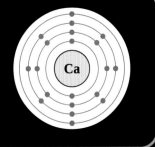

生石灰中诞生的金属元素

钙元素是根据拉丁文"calx"（生石灰）而被命名为"calcium"的；其在地壳中的含量排在前列，很早就为人类所知、所用。早在公元前4000年，古埃及人就已懂得用烘焙的石灰岩来建造住所。

钙在自然界中多以离子状态或化合物形式呈现，没有实际的"钙矿"存在。含钙矿物主要有白垩、石灰石、白云石、石膏、萤石等。蛋壳、珍珠、珊瑚、一些动物的壳体和土壤中都含有钙。英国南部海岸有一片长达5 km的白垩悬崖自然奇观，就是由细粒石灰石构成的，其垂直高度达到110 m，就像一堵雪白的"墙壁"。

曾有很长一段时间，化学家们认为通过焙烧含碳酸钙的石灰石而获得的钙的氧化物（氧化钙）是一种不可再分割的物质。1808年，英国化学家戴维尝试着对氧

▲ 方解石碳酸钙

▼ 金属钙

化钙进行电解，但其最开始选用的方法并不理想，没能将金属钙从氧化钙中分离出来；直到当年5月，戴维从瑞典化学家贝齐里乌斯电解生石灰和水银的混合物取得钙的实验中获得了启发，最终成功制得银白色的金属钙。

在我国，明代于谦的《石灰吟》道出了石灰石的演变过程：千锤万凿出深山，烈火焚烧若等闲。粉骨碎身浑不怕，要留清白在人间。

碳酸钙矿石 ▶

▼ 世界上最奇妙的自然景观之一，英格兰的象征——白垩悬崖
(White Cliff)，主要由钙质细粒石灰石和浮游有孔虫化石构成

工业生产中做各种辅助用剂

钙单质常温下为银白色固体，化学性质活泼，因此其表面在空气中能形成一层氧化物或氮化物薄膜，可减缓钙单质被进一步腐蚀。

在工业上，钙的用途非常广泛：可用作冶炼锡青铜及炼钢的脱氧剂，冶炼铁和铁合金的脱硫与脱碳剂，电子管和电视显像管中的消气剂，有机溶剂的脱水剂，石油精制的脱硫剂，纯制稀有气体（如氩）的除氮剂；高温下也常作冶金还原剂；还可分解具有恶臭的噻吩和硫醇；氟化钙常用作光学玻璃、光导纤维、搪瓷的助熔剂。

钙肥是碱性的，施入土壤能供给植物钙，并调节土壤酸度，从而减轻或消除酸性土壤中大量铁、铝、锰等离子对土壤性质和植物生理的危害。

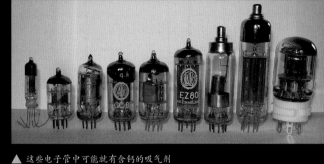

▲ 这些电子管中可能就有含钙的吸气剂

▼ 钙是生物必需的元素

生命的骨架元素

钙是生物必需的元素。对人体而言，无论是肌肉、神经，还是体液和骨骼，其中都有 Ca^{2+} 结合的蛋白质。健康成人体内钙总量为 1 000 ～ 1 300 克，占体重的 1.5% ～ 2.0%。人体内 99% 的钙分布在骨骼和牙齿中，是人类骨、齿的主要无机成分；1% 的钙分布在血液、细胞间液及软组织中，成为神经传递、肌肉收缩、血液凝结、激素释放和乳汁分泌等所必需的元素。保持血钙的浓度对维持人体正常的生命活动有着至关重要的作用。钙还是人体中 200 多种酶的激活剂，对人体所有细胞功能发挥着重要的调节作用。

钙是血液中的重要元素 ▶

044

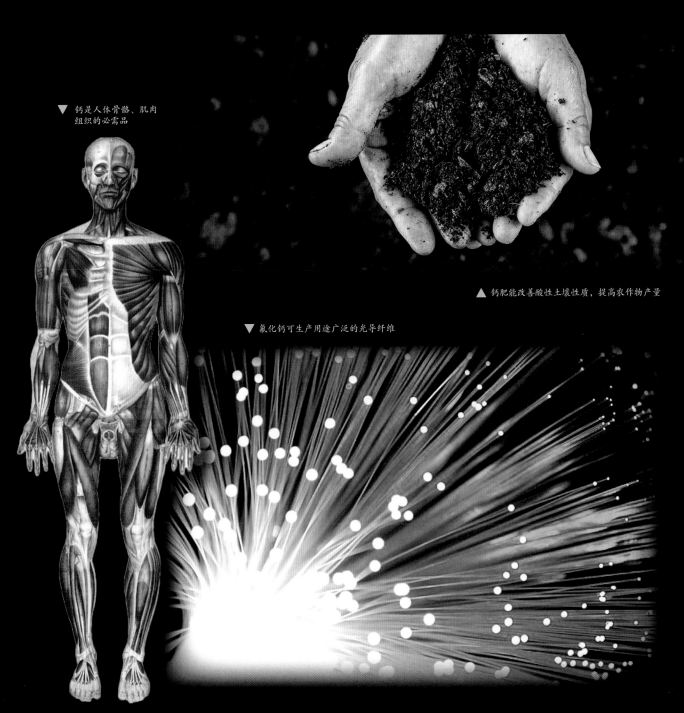

▼ 钙是人体骨骼、肌肉组织的必需品

▲ 钙肥能改善酸性土壤性质，提高农作物产量

▼ 氟化钙可生产用途广泛的光导纤维

锶（Sr） 与钙相似的元素

锶	strontium
原子序数	38
熔点	769 ℃
沸点	1 384 ℃
密度	2.6 g/cm³

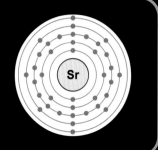

铅矿中第一次识别了自然界中存在的碳酸锶。1808 年，英国化学家戴维用电解法从碳酸锶中分离出了纯金属锶，并以它的产地"Strontian"将其命名为"strontium"，元素符号为"Sr"。

▲ 天青石

与钙极其相似

锶是一种活泼金属，化学性质与钙或钡类似。由于锶极易与空气和水发生化学反应，所以都是以化合物的形式出现，它的主要矿物是天青石和菱锶矿。锶在地壳中的丰度居第 15 位。迄今为止，世界上已发现的锶矿物约 46 种，其中天青石最具开发利用价值。我国天青石储量较为丰富，约占世界天青石总储量的四分之一，居世界第二位。

在室温下，锶与氧、氮、硫反应生成相应的氧化物、氮化物、硫化物，在 300 ~ 400 ℃与氢反应，生成氢化锶。金属锶与水、酸的反应非常剧烈，与水生成氢氧化锶和氢气。质量数为 90 的锶是一种放射性同位素，可作 β 射线放射源，半衰期为 28.8 年。

锶的发现是从一种矿石开始的。1790 年，A. 克劳福德在苏格兰斯特朗申镇的

▲ 菱锶矿

既"甜蜜"又"绚丽"的金属

▲ 硝酸锶大量用于制造红色焰火和信号弹

对于锶的利用最初是很"甜蜜"的——人们发现锶能从糖蜜里分离出糖,故主要将其用在制糖业。后来,人们又发现锶的化合物在火焰中呈现深红色,于是又将其用于信号弹、探照灯、焰火的制造。两次世界大战期间,硝酸锶被大量用于制造红色焰火和信号弹。

锶因具有独特的物理化学性能,且对 X 射线的辐射具有很强的吸收能力,被广泛应用于电子、化工、冶金、军工、轻工、医药、光学等领域。锶与钡一样,其化合物可作造影剂,可以让人体组织的形状清晰地显示在 X 射线胶片上。锶化合物也用于陶瓷和玻璃工业中,锶釉在取代铅釉方面表现出了不俗的效果;锶在陶瓷铁氧体磁体中的应用以及在玻璃中的其他应用,使得陶瓷和玻璃行业成为锶终端应用的最重要行业。

▼ 美国科罗拉多大学科学家研发的锶晶格原子钟

▲ 金属锶用作陶瓷釉料

世界上最精准的原子钟

2007年,华人物理学家叶军带领的科研小组在实验室研制出世界上最准的锶原子钟,据说其准确率相当于 50 亿年差 1 s。人类为什么要研制如此高精度的时钟呢?它对人们的日常生活有什么影响呢?这是因为,计时越准确,目标的定位就越精确,这对于远距离的遥控导航来说尤其重要。锶原子钟可用于更好的全球卫星定位系统(GPS),可对 30 多年前发射的"旅行者 1 号"进行导航。我们期待锶原子钟能早日进入工业运用。

锶元素广泛存在于矿泉水中，是一种人体必需的微量元素，具有预防动脉硬化、骨质疏松、血栓形成等功能。人体主要通过饮食来摄取锶。人体所有组织中都含有锶元素，骨骼、牙齿、血管的功能及构造，神经系统及肌肉的兴奋等必须有锶元素的参与。据相关文献显示，成年人每天需摄入约 2 mg 锶以满足生理需要。

最容易被人体吸收的锶是水中的锶，锶在水中多以离子状态呈现。为避免锶缺乏，我们可以通过改善饮食习惯以摄入足够量的锶。其中，选用锶型矿泉水作为我们的生活饮水是一种不错的方法。锶的质量浓度在 5 mg/L 以下的矿泉水，有益于人体健康。

我国唐代著名诗人白居易曾用"春寒赐浴华清池，温泉水滑洗凝脂"的诗句描述过西安华清宫的"神女汤"。民间传说这里的温泉可治百病，实际上是因为这里的温泉中含有锶元素，对人体能起到一定的医疗保健作用。

在生物学中，科学家们用 ^{89}Sr 来研究人体的新陈代谢机理和毛细管渗透。^{89}Sr 的半衰期只有 50 天，已被用来治疗骨癌——它能快速进入生长的癌细胞，在癌组织中富集、破坏和杀死癌细胞。

不过，并不是所有的"锶"都闪耀着"对人类有益"的光环，^{90}Sr 就是锶家族中的一匹"害群之马"。^{90}Sr 是核爆炸产生的尘埃的组分之一，这些微小的放射性灰尘能悬浮在大气中很多年。^{90}Sr 的半衰期长达 28 年，对人体较大的影响是其导致的远期效应，包括引起癌变、不育和遗传变化等。

▼ 西安华清宫里的温泉中含有神奇的锶元素

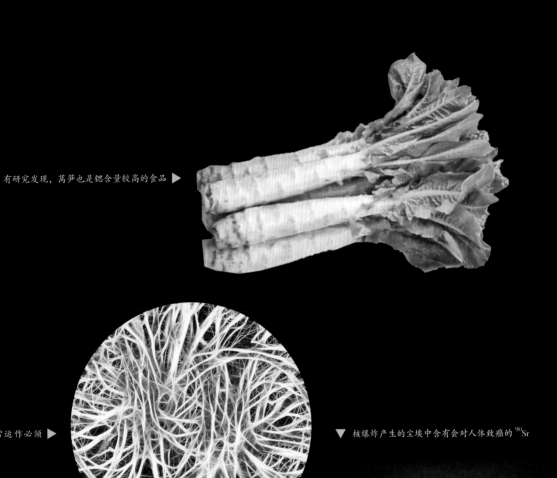

有研究发现，莴笋也是锶含量较高的食品 ▶

神经系统等的正常运作必须 ▶
有锶元素的参与

▼ 核爆炸产生的尘埃中含有会对人体致癌的 ^{90}Sr

◀ 锶元素广泛存在
于矿泉水中

钡（Ba）流光"绿"彩的金属

钡	barium
原子序数	56
熔点	725 ℃
沸点	1 640 ℃
密度	3.51 g/cm³

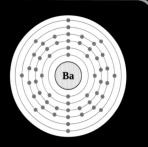

金属，焰色为黄绿色，柔软，有延展性。钡的化学性质十分活泼，能与大多数非金属反应。此外，金属钡还原性很强，可还原大多数金属的氧化物、卤化物和硫化物，得到相应的金属。钡在地壳中的含量为 0.05%，自然界中最常见的含钡矿物是重晶石和毒重石。我国是世界上最大的碳酸钡生产国和出口国。

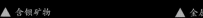

▲ 含钡矿物　　　　▲ 金属钡

它居然能自行发光

碱土金属的硫化物具有磷光现象，即它们受到光的照射后，若将它们移到黑暗中，它们能够自行持续发光一段时间。钡的化合物正是因为这一特性而被人们注意到的。1602 年，鞋匠、炼金术士西奥劳罗卡为一种被称为博洛尼亚石（又名"太阳石"）的矿物而着迷。这种矿石中有细小的发光晶体，当其暴露于日光下一段时间后，它就会持续自行发光。

这一神奇的现象不但令那些巫师和炼金术士为之吸引，同时也引起了欧洲化学家想要对其做分析研究的极大兴趣。1774 年，瑞典化学家舍勒在石膏中发现了氧化钡；1808 年，英国化学家戴维分离出了一些不纯的金属钡；到了 1855 年，本生最终通过电解熔融氯化钡，得到了纯净的金属钡。

现在，大家都知道钡是一种具有银白色光泽的碱土

▲ 含钡矿物

护胃金属用途广

钡盐除硫酸钡外其化合物都有毒。唯一无毒的硫酸钡则是人们熟知的 X 射线检查辅助用药。医用硫酸钡在人的胃肠道内不能被吸收，人体对硫酸钡也没有过敏反应，但是它能吸收 X 射线，因此被作为 X 射线扫描的造影剂而用于检测胃肠疾病，俗称"钡餐造影"。

钡（barium）这一名称来源于希腊语中的"barys"，意为"沉重的"。事实上，钡的化合物真的很重，这一特性使它在石油工业中被用作增重剂来增加油气勘探中钻井液的密度。

金属钡极易与空气和水反应，因此被用在真空管道中以去除不想要的气体，从而抑制高压和防止井喷；也被用于除去显像管中的痕量气体。

其他含钡的氧化物也表现出引人注目的特性，如由硫化钡和二氧化碳制备而成的化合物可以作为釉料的成分，当与其他氧化物结合时能展现出独特的色彩，故被称为电子陶瓷业的支柱。

氢氧化钡作为一种强碱，可在有机合成中水解酯类和腈类；而其纳米颗粒可以通过与石膏（硫酸钙）反应生

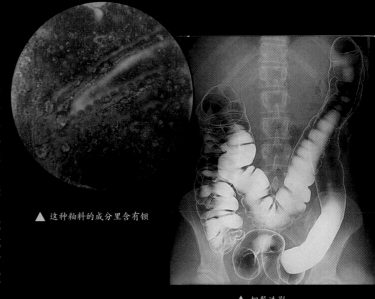

▲ 这种釉料的成分里含有钡

▲ 钡餐造影

▼ 钡的化合物很重，石油工业中将其作为增重剂用于增加油气勘探中钻井液的密度

成硫酸钡来修复旧壁画——这一方法发明于 1966 年佛罗伦萨的一场洪灾之后，它被成功地应用于修复 14—18 世纪的壁画，例如修复威尼斯及意大利南蒂罗尔的修道院的壁画。

在钡的丰富多彩的应用中，有一种用途真的让钡大放异彩——钡在焰火中的应用。焰火中鲜明的绿色就是由其中的硝酸钡和氯化钡赋予的。

钡并非人体所必需的元素，过量摄入会对人体产生不良影响。钡及其化合物可由呼吸道、消化道及受损的皮肤进入人的体内。有些坚果中钡含量较高，多食无益，甚至可能产生中毒现象，因此食用中需要注意适度。

▶ 钡用在摄像管内作除气剂

▼ 钡元素造成的绿色焰火

◀ 钡元素不是人体必需的，坚果好吃但要适可而止，因为它可能含钡太多

修复的意大利南蒂罗尔修道院 ▶
的壁画，这里有钡的功绩

镭（Ra） 放射性极强的元素

镭	radium
原子序数	88
熔点	700 ℃
沸点	小于 1 140 ℃
密度	5.0 g/cm³

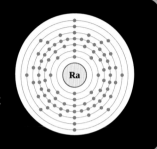

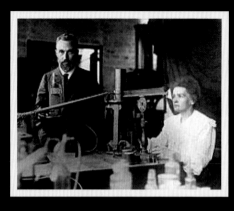

▲ 居里夫妇在实验室

▼ 居里夫人

居里夫人最伟大的发现

镭是银白色有光泽的软金属，化学性质活泼。金属镭暴露在空气中能迅速反应，生成氧化物和氮化物。镭是一种天然强放射性元素，衰变时放出 α 和 γ 两种射线，并放出大量热，裂变生成氡和氦。镭有 13 种同位素，其中 ^{226}Ra 半衰期最长，为 1 622 年。

1898 年，居里夫妇通过研究沥青铀矿矿渣的放射性发现了镭，这个新元素的射线强度竟然达到铀的百万倍。于是，他们干脆使用源于拉丁文的"radius"来将其命名为"radium"，意为"射线"。从 1898 年到 1902 年，居里夫妇夜以继日地投入繁重且不间断的镭金属提取试验中，最终获得了 0.1 g 镭盐并测定出了镭的原子量是 226。居里夫妇因此获得了 1911 年的诺贝尔化学奖，"居里（Ci）"也曾被当作放射性单位使用——表示单位时间内发生衰变的原子核数。

放射特性引发的巨大变革

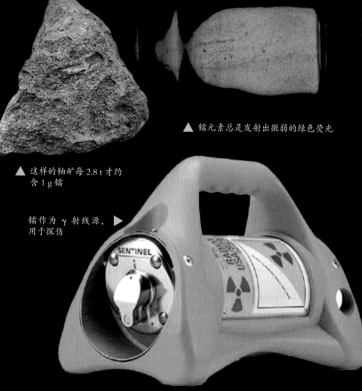

▲ 镭元素总是发射出微弱的绿色荧光

镭是一种放射性极强的元素，其衰变产物发射的 γ 射线能破坏人体内的组织，杀死细胞和细菌。它对肿瘤细胞的破坏远大于对周围健康组织细胞的破坏，故曾因此被用来治疗肿瘤。

▲ 含镭的治癌药物

▲ 这样的铀矿每 2.8 t 才约含 1 g 镭

镭作为 γ 射线源，用于探伤 ▶

　　把镭盐和硫化锌荧光粉混合后，涂在钟表和各种仪表盘上，可制成永久发光装备。镭盐与铍粉的混合制剂，可作中子放射源，用来探测石油资源、岩石组成等。工业上用镭作为 γ 射线源，用于探伤，对金属材料的内部裂缝和缺陷进行无损伤检验。

　　镭的发现对于近代物理学的发展有着极其重大的意义，除了其医疗价值和应用于工业检测以外，镭的发现还为人类开启了原子核物理学的大门。

　　镭在自然界分布很广，但含量极其稀少——镭存在于所有的铀矿中，但每 2.8 t 铀矿中仅含 1 g 镭——地壳中的含量仅为百亿分之一。

▼ 镭盐与铍粉的混合制剂，可作中子放射源

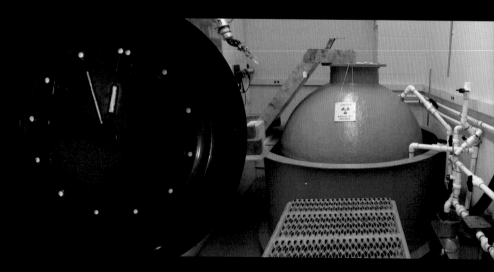

涂有镭漆的钟表指针 ▶

促成美国劳工法出台

镭的发现在科学界引爆了一次真正的革命——全世界都开始关注放射性现象。

但是，近百年来，人们在认识放射性的道路上也付出了惨痛的代价。20 世纪初，镭

▼ "镭女孩"事件——20 世纪初，不少女孩在钟表工厂用小巧的刷子给钟表涂上镭，她们不时地用舌头将刷子舔一下以让刷头集中不分叉

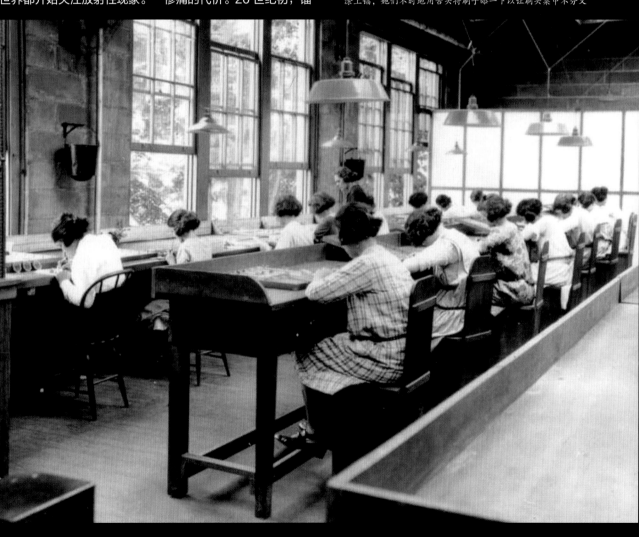

因为具有能摧毁癌细胞的惊人能力，备受医学界喜爱，医生们还曾尝试用镭来治疗高血压、糖尿病、关节炎、风湿病、痛风和肺结核等。镭一度被人们"神化"，成了"无所不能"的"灵丹妙药"。以镭为宣传点的美容霜、药膏、香烟和牙膏，以"新专利"的形象呈现的"镭钍水"、放射水罐、可穿戴的"镭激素仪"等产品纷纷亮相。所有人都想借着镭牟取利益……随着时间的推移，经历了种种荒诞、匪夷所思的探索阶段，镭的放射性给人们带来的巨大损害逐渐显现，其中最典型的"镭女孩"事件彻底打破了人们对镭元素的迷信，最终还促成了美国劳工法的出台。到了 20 世纪 30 年代，曾经获利巨大的镭药市场彻底崩溃了。

如今，随着科学的不断进步与发展，人们已逐渐用更安全的材料取代了镭。镭引发的放射性危害也逐渐从我们的日常生活中消失了。

许多女孩都因此患上了与镭相关的疾病且最终大多死亡 ▶

典型稀土元素及放射元素

稀土是元素周期表第Ⅲ族副族元素钪、钇和镧系（57~71 号元素）共 17 种元素的合称。它们通常共生在矿物里，相互交织隐身在氧化物中，冶炼提纯难度较大，相对较为稀少，因此得名稀土。稀土元素按原子序数和质量又分为轻稀土、重稀土两大类，均以稀土氧化物形式存在。

稀土元素的来历都很不寻常，从 1794 年芬兰化学家加多林发现第一个稀土元素钇，到 1947 年最后一个稀土元素钷被发现，整整经历了 153 年。在这 150 多年的时间里，科学家们在艰难的寻找与求证过程中，面对这些性质相似如孪生的稀土氧化物，走过许多弯路，产生过许多误判，发生过许多有趣的故事。我们将稀土元素发现者的名字列在下图里，

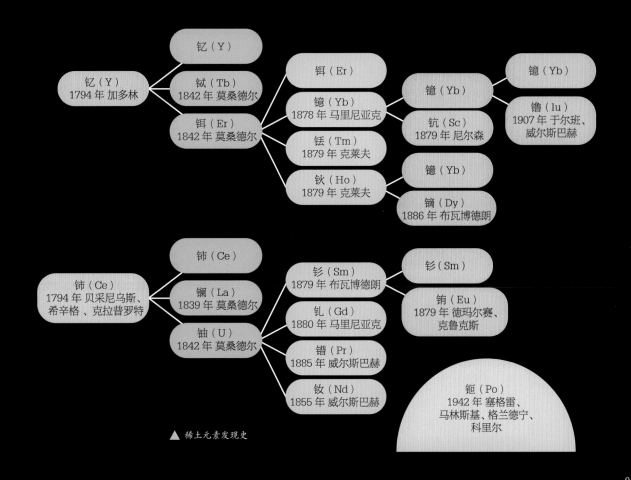

▲ 稀土元素发现史

以飨读者。

稀土金属一般较软、可锻、有延展性，在高温下呈粉末状且反应尤为强烈。由于其具有优良的光、电、磁、核等物理特性，能与其他材料组成性能各异、品种繁多的新型材料，素有工业"黄金"之称。稀土还是电子、激光、核工业、超导等诸多高科技的"维生素"，是珍贵的战略金属资源。稀土成员均有特性，个个身手不凡，在新兴材料领域里各显神通。

据说有人统计过，进入21世纪以来的每6项技术发明中就有一项与稀土相关。

因篇幅有限，本书中选择了8种典型稀土元素作介绍。此外，镧系元素是周期系ⅢB族中15种放射性元素的统称。钶、钍、镤、铀这4种元素存在于自然界中，锫、钚等11种元素都是1940年后用人工核反应方式合成的。本书主要以84号钋与92号铀元素为代表作介绍。

▼ 典型稀土元素及放射元素在元素周期表里的位置

钪（Sc） 有色合金的神奇调料

钪	scandium
原子序数	21
熔点	1 539 ℃
沸点	2 727 ℃
密度	2.99 g/cm³

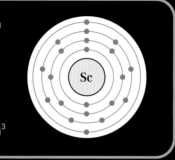

是金属钪，而是钪土——氧化钪。尼尔森以他祖国瑞典所在的地理位置"斯堪的纳维亚半岛"的拉丁文"Scandinavian"将其命名为"scandium"，并用拉丁文名第一个字母的大写与第二个字母的小写组成了它的元素符号——Sc。

金属钪 ▶

实际和预言吻合的元素

钪是提出元素周期表的门捷列夫预言的元素。周期表被提出 10 年后的 1879 年，瑞典化学家尼尔森在用光谱分析法从硅铍钇矿的混合稀土中提炼镱土时发现了钪。钪的实际性质与门捷列夫预言存在并以准硼（周期表中硼正下方的元素）命名的一种元素完全一样。不过，尼尔森当时发现的并不

▶ 攀枝花钒钛磁铁矿除了含高钒钛外还富含钪

钪对于很多人来说可能显得非常陌生，它是亲氧元素，在自然界中没有游离的单质，全以化合物的形式存在。全世界纯金属形态的钪年交易量少于46 kg，价格大约是黄金的40倍，而氧化钪的全球年交易量也只有10 t左右。不过，钪的地壳丰度还不算太差，为16 g/t，居第35位，与铅相仿，比锡还要多一些。

钪可以看作是这样一类元素的一个例子——这类元素之所以昂贵，并非由于其在地壳中含量稀少，而是由于它们不在任何一个地区集中分布。对大多数其他元素而言，总能在某个地方发现它以很高的浓度集中；而钪却总是稀疏地分布于每一处，作为痕量元素存在于800多种不同的矿物中，这使得收集和纯化成本都极高。直到1937年，人们才获得了这种难以捉摸元素的单质。比较之下，在含钪的共生矿里，我国的攀枝花钒钛磁铁矿中的钪品位较高。钪和钇一样都是非镧系的稀土元素。

也早已用上了含钪合金。

用钪的碘合物制造的高压弧光灯，光色柔和清明，很接近自然光，最适宜用在舞台上；由钪和钠参与制造的卤化灯，也是一种品质优良的光源，一盏相同照度的钪钠灯比普通白炽灯泡节电80%，而且破雾能力强，使用寿命更长，可广泛用于广场、体育场、公路照明和电视摄像。氧化钪还被广泛应用于电子工业、固体电解质、特种陶瓷、变色玻璃、光导纤维、激光材料和超导材料，并在化学工业中用作催化剂。金属钪则是化学工业的广谱催化剂，可用于多种合成反应。

钪真是个好东西，相信在不久的将来，我们的科学家会在钪的收集和纯化工艺上取得更大的突破，让钪能更好地造福于人类。

▼ 氧化钪、金属钪在化学工业中作为不同的催化剂，用于多种合成反应

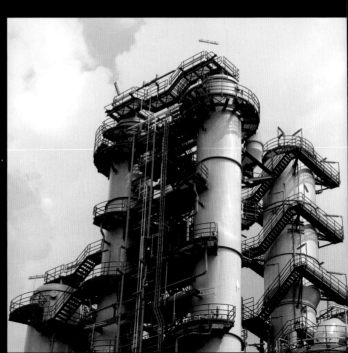

合金材料的神奇调料

钪之所以昂贵，还因为它的用途实在太多。用钪和镁、铝制造的合金，既耐高温又耐低温，抗腐蚀、质量轻、刚度高、有优良的抗疲劳性能，既可用来制作长距离输油管及飞机、高铁列车、磁悬浮式列车、汽车和船舶的零件，又适宜做导弹、宇宙飞船等航天器材。

据说俄罗斯的一些潜射导弹头锥体便是由钪铝合金制成——钪铝合金的强度足以使导弹穿透南北极区坚固的海冰，却又不会增加导弹重量。用钪与锶、铜的复合氧化物制造的多元合金，是迄今为止临界温度较高的（110 K）超导材料之一。一些奢侈品牌的棒球棒、山地车等，

▲ 钪用于体育用品的棒球棒

▲ 价格高昂的超轻钪合金
山地车

▼ 含钪部件使用在恶劣环境下的输
油管线上

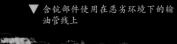

▼ 有了钪铝合金制成的导弹头锥体，
潜艇在厚厚的冰层下也能准确地
发射导弹

含钪零件用于高铁和磁悬浮列车

用钪的碘合物制造的高压弧光灯，光色柔和清明，最适宜用在舞台上

大型运输机的零部件大量使用含钪的合金 ▶

▼ 体育馆常用钪钠灯

钇（Y） 人类发现的第一种稀土元素

钇	yttrium
原子序数	39
熔点	1 509 ℃
沸点	3 200 ℃
密度	4.47 g/cm³

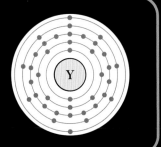

比（Ytterby）"将钇的名称定为"yttrium"，并用第一个字母的大写体"Y"作为它的元素符号。当时钇很难提纯，直到1828年，德国化学家维勒才首次获得了纯的钇单质。

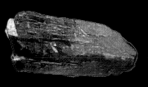

▲ 金属钇

▼ 白云鄂博的磷钇矿，其中钇占其全部稀土的59.3%

含有痕量的钇的萤石晶体 ▶

来自瑞典采石场的矿石样品

1787年，芬兰化学家伽多林收到了一块在瑞典一个叫伊特比（Ytterby）的村庄的采石场新发现的矿石样品，并对其进行了不懈的研究。直到1794年，他才发现该矿石样品中存在一种新金属元素的氧化物，而这种新金属元素则是人类发现的第一种稀土元素。伽多林为了纪念钇的发现产地，用"伊特

钇属于亲氧元素，自然界中无单质存在，它以化合物形式存在于各种矿物中，地壳丰度为 30 g/t，居第 29 位。钇是第一种被发现的稀土元素，与钪同样属非镧系稀土元素，尤爱与铒、铽、镝、镥、钪、铥、镱、钬共生一体，因其在以上元素中丰度最高，故又被称为钇组稀土中的"领军"元素；而其他成员的氧化物，都是从钇土中先后被分离出来的。事实上，人类对稀土元素所做的研究及利用便是从钇的发现为开端的。世界上含钇土品位最高的稀土矿共有 3 处，一是中国江西龙南的离子吸附型稀土矿，其中钇占其全部稀土的 64.1%；二是马来西亚的磷钇矿，其中钇占其全部稀土的 60.8%；三是中国内蒙古白云鄂博的磷钇矿，其中钇占其全部稀土的 59.3%。

▲ 钇镁合金在航天领域一展身手

梨形钇铝石榴石 ▶
激光晶体

▼ 这种激光炮也用钇铝石榴石晶体

用途广泛的稀土元素

作为重要的稀土元素，钇的用途非常广泛。钇单质熔点很高，用来制造火花塞，可延长火花塞的使用寿命。钇单质吸收热中子的能力很小，可用作原子反应堆的特殊结构材料。在合金制作方面，可用作钢铁的精炼剂，而且与镁制作的合金，具有耐 300 ℃高温的性能；拉伸强度高，在航空、航天、导弹和汽车工业上都有广泛的用途。

钇的化合物用途更广

钇铝石榴石晶体，主要用于特种玻璃、电视机显像管、核反应堆和雷达。它也是一类强大的脉冲激光器的中心组件，用于包括医疗、测绘、切削、军事及数字通信在内的多个领域。这类激光器可产生完美准直的光束，此光束射向月球后还能够从月球表面反射回来并让人们看见反射现象——"阿波罗号"的宇航员特意在月球上安置了猫眼反射器，用于接收并反射从地球射向月球的激光。

钇的氧化物添加到锆的氧化物中所形成的钇稳定氧化锆是一种非常稳定、惰性且用途广泛的陶瓷材料，可用于制造氧气传感器、喷气发动机的耐热部件及工业上使用的磨蚀剂与轴承。

含钇的石榴子石型铁氧体是重要的磁性材料，用于制作磁性记忆元件，能存储大密度信息。

用铽离子激活的硫化钇制作的X射线检查的增感屏，既可用于医院体检，又可用于车站、码头、飞机场的货物和行李检查。

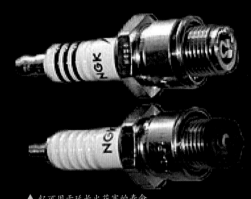

▲ 钇可用于延长火花塞的寿命

▲ 钇铝石榴石晶体可用于脉冲激光器

▶ 如此完美准直的光束，以至于能够从月球表面安装的猫眼反射器反射回来并让人们看见反射现象

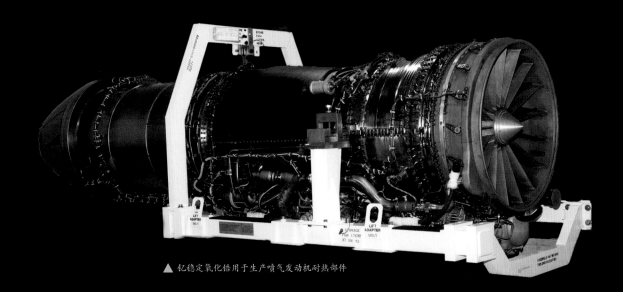

▲ 钇稳定氧化锆用于生产喷气发动机耐热部件

▼ 这种雷达使用的脉冲激光器也许就有钇铝
石榴石晶体

◀ 铽离子激活的硫
化钇制作的 X 射
线检查的增感屏
用于医院体检效
果极好

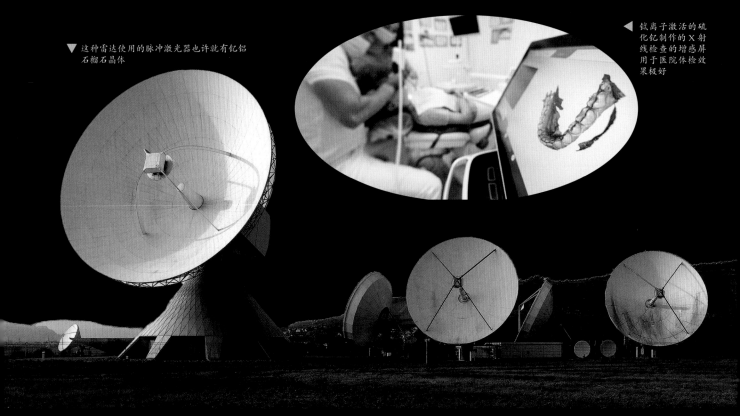

镧（La） 镧系元素的"排头兵"

镧	lanthanum
原子序数	57
熔点	920 ℃
沸点	3 454 ℃
密度	6.17 g/cm^3

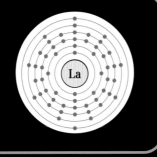

化学性质极为活泼

镧具有镧系元素的最大原子半径，是最活泼的镧系金属，暴露在空气中会很快被氧化变黑。金属镧可与碳、氮、硼、硒、硅、磷、硫以及卤素等元素直接反应生成二元化合物或三卤化物。

▲ 金属镧

镧系家族的"老大"

1839年，瑞典化学家莫桑德尔从不纯的硝酸铈中意外提取到一种新的稀土氧化物，并将其命名为氧化镧，从而发现了镧这种新元素。镧的名称来自古希腊语"lanthano"，意为"隐藏"，主要存在于独居石和氟碳铈镧矿中。在这些矿物中，镧元素含量占 25% ~38%，直到 1923 年，相对纯净的金属镧才被提纯出来。镧在地壳中元素含量的排名为第28 位，几乎是铅的 3 倍。我国是目前世界上镧储量及产量最多的国家。

镧为银白色，延展性好并且足够软，可以用小刀切割。像大多数镧系元素一样，镧在室温下具有六方晶体结构。在 310 ℃时，镧从密排六方结构变为面心立方结构，并在 865 ℃下转变为体心立方结构。天然镧由两种镧的同位素组成——稳定的 ^{139}La 和具有放射性且半衰期很长的 ^{138}La。

▲ 稀土矿石

现代生活不可或缺

含镧的稀土化合物被广泛应用于碳照明中，特别是在电影行业中，常用于演播室照明和投影。它们增加了照明亮度并给出了类似于日光的发射光谱。

多年来，人们已将铅添加到玻璃中以增加玻璃的折射率，从而产生超亮的晶体效果。随着折射率的升高，光在材料中传播的速度变慢，并且从空气进入玻璃时，光的弯曲程度也会增加。镧在提高折射率且不会过多分散光的方面要比铅好得多，现已被广泛用于相机和望远镜的镜头中。此外，三氧化二镧（La_2O_3）还改善了玻璃的耐碱性，从而可用于制造特殊光学玻璃。

六硼化镧可作为大功率电子仪器的阴极材料；也可以加入玻璃或塑料中，来阻挡大部分的红外线。La^{3+} 可用作 Ca^{2+} 的生物示踪剂，放射性镧已被测试用于治疗癌症。少量镧作为添加剂可用于生产球墨铸铁。钢中添加少量镧可改善其延展性和抗冲击性。镧盐还可用作炼油催化剂。需要注意的是，镧及其化合物有较低或中等

的毒性，因此在处理它们时应格外小心。

▲ 六硼化镧可作为大功率电子仪器的阴极材料

▼ 炼油厂使用镧盐作为催化剂

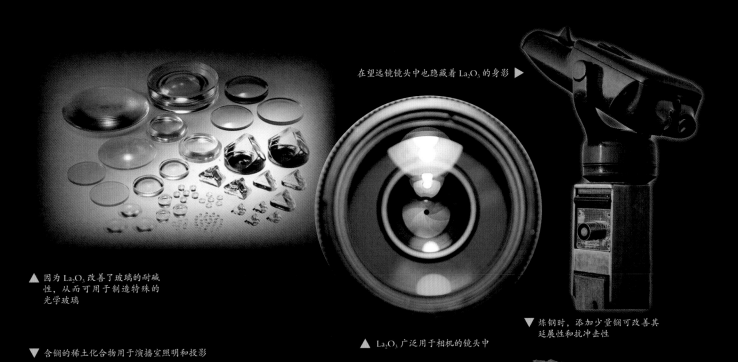

在望远镜镜头中也隐藏着 La_2O_3 的身影 ▶

▲ 因为 La_2O_3 改善了玻璃的耐碱性，从而可用于制造特殊的光学玻璃

▲ La_2O_3 广泛用于相机的镜头中

▼ 炼钢时，添加少量镧可改善其延展性和抗冲击性

▼ 含镧的稀土化合物用于演播室照明和投影

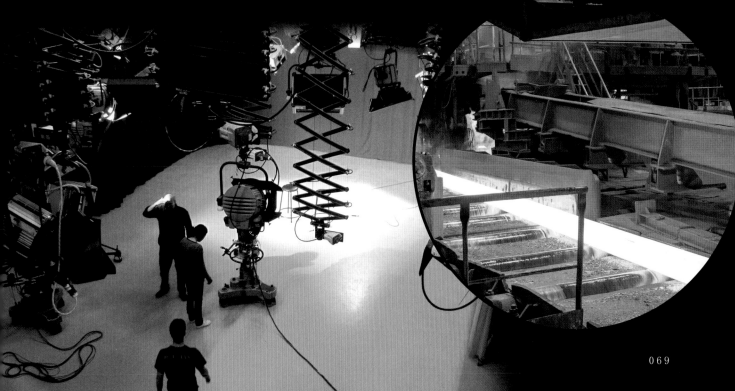

铈（Ce） 储量最多的稀土元素

铈	cerium
原子序数	58
熔点	798 ℃
沸点	3 257 ℃
密度	6.77 g/cm³

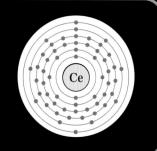

储量最多的稀土

铈 于 1803 年由克拉普罗夫斯以及贝泽留斯和海辛格发现，其名称来源于小行星谷神星的英文名"Ceres"，元素符号定为"Ce"。在稀土这个元素大家族中，铈是当之无愧的"老大哥"。作为储量最多的稀土，铈在地壳中的丰度为68 g/t，占稀土总量的28%。与镧一样，我国是目前世界上铈储量及产量最多的国家。

铈是一种银白色的镧系金属，和铁的光泽类似，有延展性，但比铁软。铈的液态范围是所有元素中第二长的：从 795 ℃到3 443 ℃。铈有 4 种同素异构体，在室温和常压下为 γ 铈，低于 −16 ℃转变为 β 铈，而在 −172 ℃则开始变换为 α 铈，在 725 ℃以上为 δ 铈。

铈用作汽灯纱罩的发光增强剂 ▶

光明使者造福人类

铈的化学性质活泼，在空气中用刀刮即可着火；溶于酸，不溶于碱。铈的金属活动性较强，和冷水反应缓慢，和热水反应快速，生成氢氧化铈。铈可以和所有卤素反应，生成相应的卤化物。

化学家们最初曾被困惑在不断发现新稀土的"迷宫"中，直到发现"铈土"的83年后，才为铈找到第一个用途——用作汽灯纱罩的发光增强剂。1886年，奥地利人韦尔斯巴赫发现，将99%的氧化钍和1%的氧化铈加热时会发出强光，将其用于某气灯纱罩可以大大提高汽灯的亮度；而汽灯在当时电灯尚未普及的欧洲是主要照明光源，对于生产、商贸和生活至关重要。从18世纪90年代开始，汽灯纱罩的大规模生产增加了对钍和铈的需求，这有力地推动了世界范围内对稀土矿藏的勘察。

1903年，韦尔斯巴赫又找到了铈的第二大用途——铈铁合金在机械摩擦下能产生火花，可以用于制造打火石。铈的这种经典用途，至今已有100多年的历史。吸烟的人都知道打火机要用打火石，但许多人却不了解稀土，更不知道是其中的铈在给人们带来火种。如今，打火石遭遇压电陶瓷的有力挑战，产量已经大减。

1910年，铈的第三大用途被人们发现——用于探照灯和电影放映机的电弧碳棒。探照灯曾是战争防空的重要用具，电弧碳棒则曾是放映电影不可缺少的光源。与汽灯纱罩类似，铈的使用可以提高可见光的转换效率。

铈的以上三大用途也代表了稀土早期的三大用途。20世纪50年代初，我国稀土工业也起步于这三大应用。这些用途都与发光有关，看来将铈称作人类的"光明使者"还真是不无道理！

▲ 第二次世界大战中加入铈的探照灯成为防空作战的重要装备

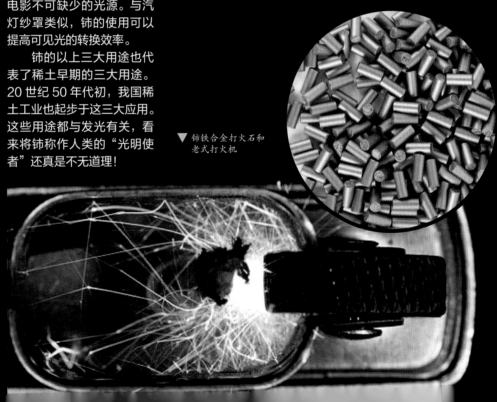

▼ 铈铁合金打火石和老式打火机

广泛应用于多个领域

如今，铈已得到广泛应用，几乎所有的稀土应用领域中都含有铈。铈已是"环境的守护者"：在汽车尾气净化的三元催化剂中加入铈，可提高催化剂性能并减少铂、铑、钯等贵金属用量，大幅降低催化剂成本。作为玻璃添加剂，铈能吸收紫外线与红外线，在防紫外线的同时可降低车内温度；日本从 1997 年起就开始率先在汽车玻璃中加入氧化铈。硫化铈取代铅、镉等对环境和人类有害的金属应用到颜料中，可对塑料着色，也可用于涂料、油墨和纸张等行业。LiSAF 激光系统是美国研制的一种从固态材料直接产生可调谐紫外激光的商品化产品，这种激光器在效率上比其他类型的固态紫外激光材料高 10~100 倍。

以铈为主的轻稀土作为植物生长调节剂可以改善农作物品质，增加其产量并提高其抗逆性；用作饲料添加剂，可以提高禽类的产蛋率和鱼虾养殖的成活率。我国科学家通过大量的实验研究认为，稀土农用不会产生环境污染，不会对人和动物的生存造成危害。

▼ 探照灯的电弧碳棒

▼ 在希望的田野上，以铈为主的轻稀土是很好的植物生长调节剂

▼ 硫化铈取代铅、镉等对环境和人类有害的金属应用到颜料中，可对塑料着色

▼ 含铈的饲料添加剂也可提高鱼虾养殖成活率

◄ 含铈的电弧碳棒也曾是放映电影不可缺少的光源

▲ 铈作为玻璃添加剂，能吸收紫外线与红外线，现已被大量运用于汽车玻璃

钕（Nd） "永磁王子"

钕	neodymium
原子序数	60
熔点	1 021 ℃
沸点	3 100 ℃
密度	7.01 g/cm³

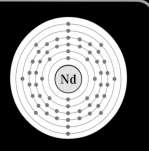

因此，钕应被保存在轻质矿物油下或用塑料密封。钕以两种同素异形体形式存在，863 ℃时从双六角形转变为体心立方结构。

▲ 金属钕

制造磁体的重要材料

钕是制造钕铁硼稀土永磁体的关键材料。1839—1843年，瑞典化学家莫桑德尔证明氧化铈是多种氧化物的混合物，这意味着该混合物中可能还含有未知的新元素。后来他成功地从这个混合物体系中分离出了镧和镨钕混合物。这之后，各国化学家都特别注意从已发现的稀土元素中去分离新的元素。1885年，奥地利人威斯巴克从镨钕混合物中发现两种新元素，其中一种被命名为"neodidymium"，该名称源自希腊语，意为新双胞胎，后被简化为"neodymium"，元素符号"Nd"，这就是钕元素。

钕是一种坚硬的、略具延展性的银色金属，在空气和潮湿的环境中很快就会失去光泽。当钕被氧化时，它会迅速反应生成+2价、+3价和+4价的粉红色、紫色、蓝色和黄色的氧化态化合物。

▲ 硫酸钕晶体

史上最强的永磁体

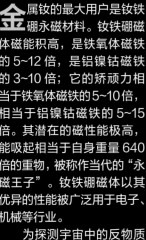

金属钕的最大用户是钕铁硼永磁材料。钕铁硼磁体磁能积高，是铁氧体磁铁的 5~12 倍，是铝镍钴磁铁的 3~10 倍；它的矫顽力相当于铁氧体磁铁的 5~10 倍，相当于铝镍钴磁铁的 5~15 倍。其潜在的磁性能极高，能吸起相当于自身重量 640 倍的重物，被称作当代的"永磁王子"。钕铁硼磁体以其优异的性能被广泛用于电子、机械等行业。

为探测宇宙中的反物质和暗物质，中国与美国等国科学家共同研发了阿尔法磁谱仪，其核心部件就是钕铁硼。阿尔法磁谱仪被安装到国际空间站上，也许不久，神秘的暗物质面纱就会被它揭开。

▲ 钕磁铁使这个小电机的功率惊人的强大

▲ 钕铁硼永磁材料

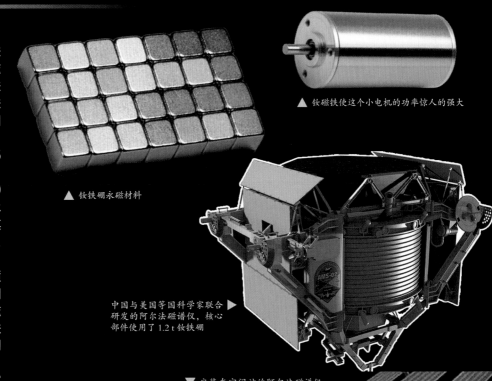

中国与美国等国科学家联合研发的阿尔法磁谱仪，核心部件使用了 1.2 t 钕铁硼 ▶

▼ 安装在空间站的阿尔法磁谱仪，用以帮助科学家探测暗物质

▼ 钕铁硼梳齿型磁性分离器

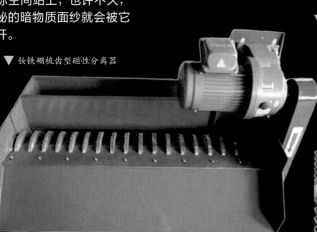

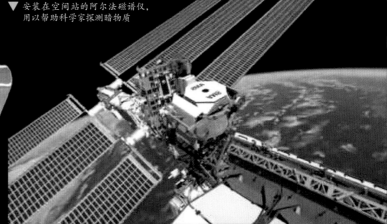

其他多种特殊用途

▲ 钕用于玻璃着色

在镁或铝合金中添加1.5%~2.5%的钕，可提高合金的高温性能、气密性和耐腐蚀性，这类合金被广泛用作航空航天材料。另外，掺钕的钇铝石榴石可产生短波激光束，在工业上被广泛用于厚度在 10 mm 以下薄型材料的焊接和切削中。在医疗上，掺钕钇铝石榴石激光器已代替手术刀用于摘除手术或消毒创伤口。钕也被用于玻璃和陶瓷材料的着色以及作为橡胶制品的添加剂。在玻璃熔体中添加氧化钕（Nd_2O_3）可以制备钕玻璃。在白炽灯下或日光照射下，钕玻璃会呈现出薰衣草色，而在荧光灯下，它则呈现出淡蓝色的色泽。除了观赏，钕玻璃也被用于室内摄影中的色彩增强滤光片，以滤除白炽灯光的黄色色调从而使玻璃灯泡产生更白的光，以增加阳光的效果。此外，钕玻璃也被用在天文工作中来校正谱线。

▼ 利用掺钕的钇铝石榴石产生短波激光束来焊接是助推汽车轻量化的关键技术

镁或铝合金中添
加钕，可提高航
空航天材料的高
温性能、气密性
和耐腐蚀性

耳机中钕磁铁起着
至关重要的作用

掺钕钇铝石榴石激光器代替手术刀
用于摘除手术

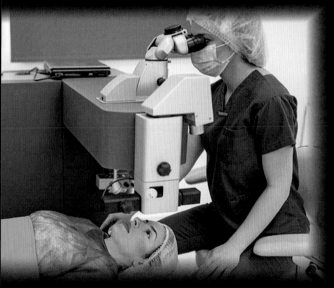

钆（Gd）最适宜做磁共振成像造影剂的元素

钆	gadolinium
原子序数	64
熔点	1 313 ℃
沸点	3 250 ℃
密度	7.9 g/cm³

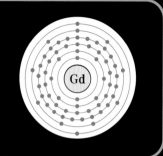

稀土的芬兰矿物学家加多林，他们称这种新稀土为"gadolinium"，元素符号为"Gd"。钆作为地球上最稀有的化学元素之一，在稀有化学元素的稀有级别中，位于溴和铀元素之上。我国是目前世界上钆储量及产量最多的国家，主要产地在南方。

▼ 钆铁合金

▲ 金属钆

为纪念芬兰矿物学家而命名

▼ 中国南方富含钆的稀土矿山

1880 年，瑞士化学家马里纳克在日内瓦发现了钆。他早就怀疑莫桑德尔报告的错钕混合物并不是一种新的元素而是混合物。他的推测被在巴黎的瑞士化学家马克·德拉方丹和法国化学家布瓦博德朗确认了。1880 年，马里纳克从错钕混合物中提取了另一种新的稀土；1886年，法国化学家布瓦博德朗也制得了这种更为纯净的新稀土。为了纪念第一个发现

室温下具有极高的顺磁性

钆是一种银白色稀土金属，柔软性、延展性、韧性均较好。已知它有 27 个同位素，^{158}Gd 是其最常见的同位素。钆具有正好是室温（19℃）的磁性转变点。室温下它是顺磁性的，但当温度低于室温时，它将变成铁磁性的。钆有最高的热中子俘获面，可用作反应堆控制材料和防护材料；用钆盐经磁化制冷可获得接近绝对零度的超低温，这种"磁性"

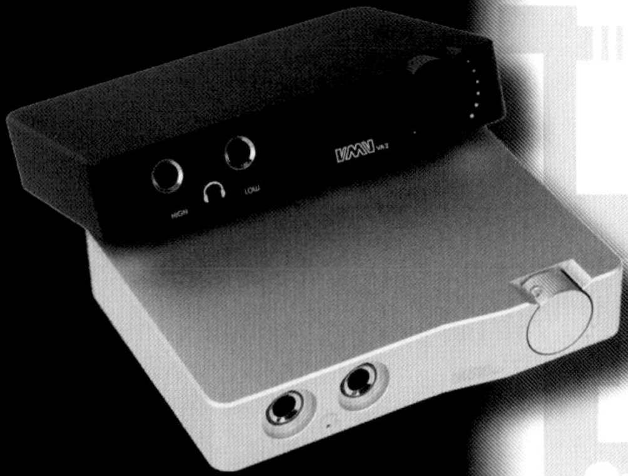

▼ 复制放大器

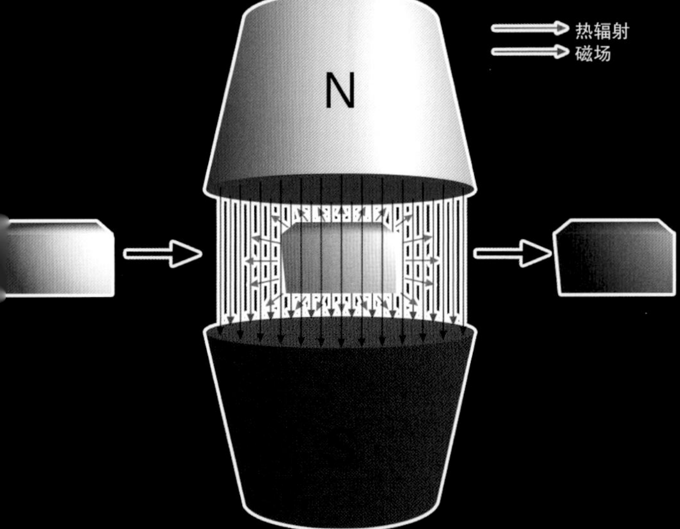

▼ 用于卫星、宇宙飞船等航天领域的磁制冷冰箱也将很快用于我们的生活中

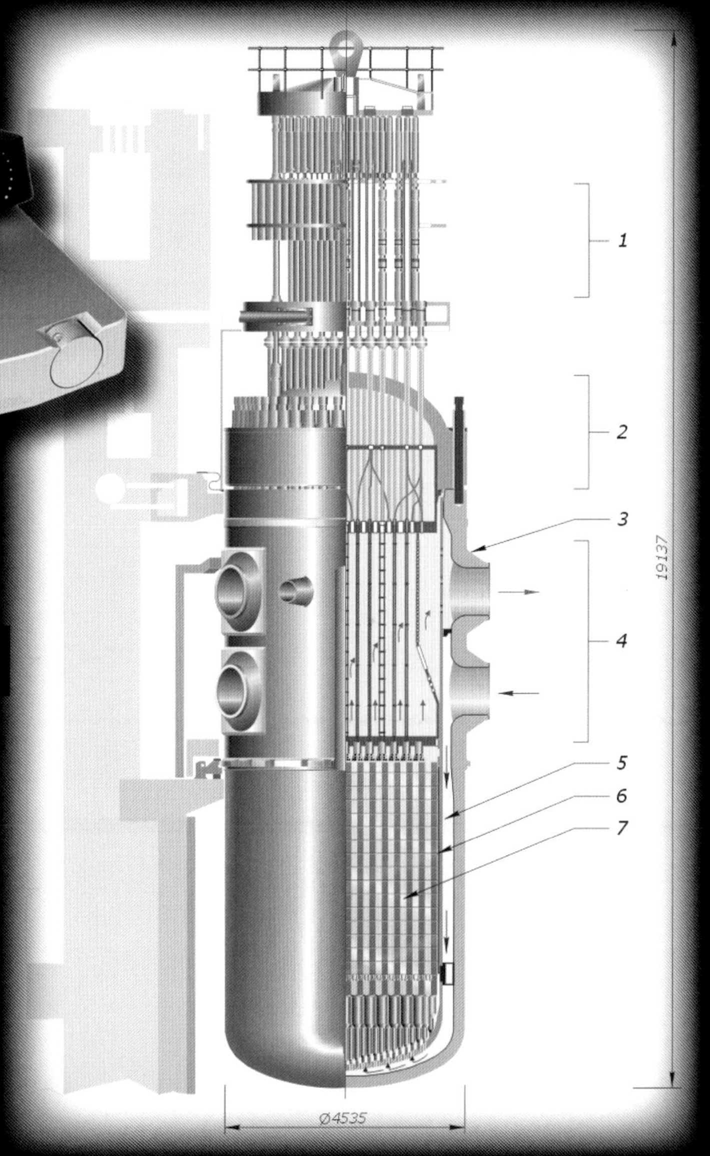

N

→ 热辐射
→ 磁场

1
2
3
4
5
6
7

19137

Ø4535

制冷比传统制冷能效高 20%~30%。科学家已研制出多种低温磁制冷冰箱，为各种科学研究，如卫星、宇宙飞船等航天器的参数检测和数据处理创造极低温条件。

钆具有优异的超导性能，钆钡铜氧化物因其优异的超导性能被应用于超导电动机或发电机，例如风力涡轮机。硫酸钆由于其低噪声特性，展示了其在复制放大器上的应用潜力。

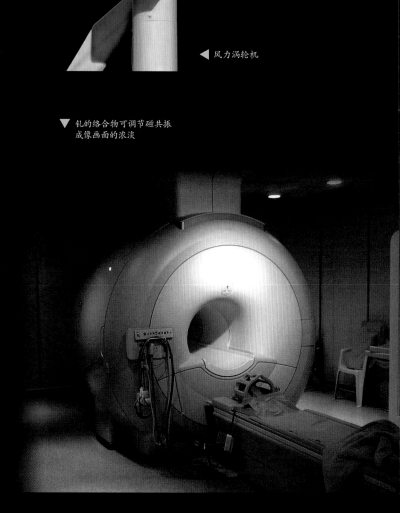

◀ 风力涡轮机

磁共振成像造影剂

在医疗应用方面，钆的络合物可以像 X 射线造影剂钡那样，作为磁共振成像诊断（MRI）画面浓淡的调节剂来使用。因为钆周围的水受到钆原子核磁场力矩的影响后显示出的一些性质会与没有受到影响的水显示出的性质不同，进而使画面对比更为明显，有利于病情的诊断。迄今，只有钆络合物才最具这个特性。

钆镓石榴石 (GGG) 是一种性能优良的激光晶体，它被广泛应用于固体激光器中，用于磁光薄膜 (YIG 或 BIG 薄膜) 的专用基片。不同晶向的 GGG 单晶基片可以与这类薄膜有最佳的晶格匹配，且 GGG 具有良好的物理、机械性能和化学稳定性，可保证薄膜成功地外延生长。同时，GGG 也是制作微波隔离器的最佳基片材料。

▼ 钆的络合物可调节磁共振成像画面的浓淡

▲ 钆镓石榴石 (GGG) 是一种性能优良的激光晶体

钆造影剂使磁共振图像
显示出渗漏的血管 ▶

▲ 钆镓石榴石也是制作这种微波隔离器的最佳基片材料

钆反应堆控制棒 ▶

▼ 这是一瓶钆磁共振成像造影剂

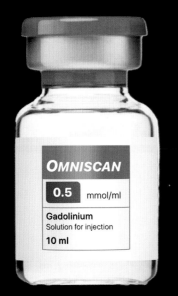

镝（Dy） 集磁、光、电特性于一体的元素

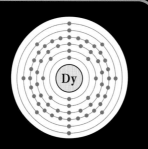

镝	dysprosium
原子序数	66
熔点	1 412 ℃
沸点	2 567 ℃
密度	8.55 g/cm³

土元素。我国是目前世界上镝储量及产量最多的国家。

镝呈亮银色，有金属光泽，质软，可以用小刀切割。镝和钬拥有所有元素中最高的磁强度，这在低温状态下更为显著。镝的化学性质活泼，易被氧气氧化并产生氢氧化镝。镝金属粉末在空气中如果在火源附近，会有爆炸的危险。镝所引起的金属火焰不能用水来浇熄，因为它会和水反应，产生易燃的氢气。

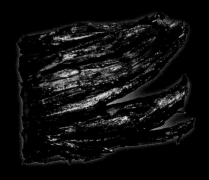

▲ 纯镝的树突状晶体

"难以取得" 的元素

1886 年，在多位化学家对氧化钇持续研究的基础上，法国化学家布瓦博德朗发现了镝。1839 年，众多稀土元素的发现者莫桑德尔从铈土里分离出镧等元素；1842年，他又从钇土中分离出铒土和铽土。此后，不少化学家也开始利用光谱分析鉴定技术，对不纯净元素的氧化物继续加以分离。1886年，布瓦博德朗从瑞典化学家克莱夫发现的钬中又分离

出了一种新元素，并用希腊文"dysprositos"（"难以取得"之意）将其命名为"dysprosium"，元素符号为"Dy"。1950 年左右，爱荷华州立大学的弗兰克·斯佩丁和他的同事发明了离子交换色谱技术，纯镝样品才最终出现。

镝通常与铒、钬以及其他稀土元素共存于独居石砂等矿物中。其在地壳中的丰度为 6 g/t，在重稀土中仅次于钇，算是比较富存的重稀

▲ 金属镝

钕铁硼永磁体的最佳伴侣

镝可作为钕铁硼系永磁体的添加剂使用，在钕铁硼系永磁体中添加 2%~3% 的镝，可提高其矫顽力。过去，人们对镝的需求量不大，但随着对钕铁硼磁体需求的增加，镝作为其中必要的添加元素，需求量也在迅速增加。

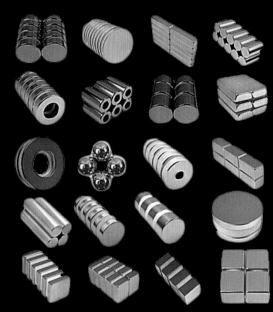

▲ 在这些钕铁硼系永磁体中，镝作为必要的添加剂使用，可提高其矫顽力

造就性价比最好的磁光材料

镝能用于制造硬盘。它可以与铁和钴组成非晶态薄膜，这种磁化薄膜是一种具有很强各向异性的磁光材料——一种在紫外到红外波段具有磁光效应的光信息功能材料。稀土磁光材料存储密度高，具有较高的记录速度；由于是非晶态薄膜，它的信噪比也很高，信号质量好。人们利用这类材料的磁光特性以及光、电、磁的相互作用和转换，制成了具有各种功能的光磁器件，如调制器、环行器、磁光开关、光信息处理机、磁光传感器等。目前主要的稀土磁光材料含有铽和镝，含铽磁光材料的性能通常好于含镝磁光材料，但是镝的价格远低于铽，因此一般的实际应用中大多使用性价比高的含镝磁光材料。

▼ 镝是制造硬盘最合适的材料

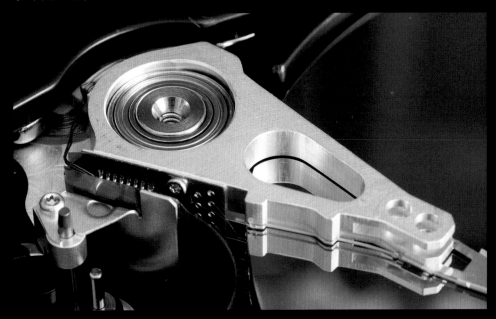

给黑暗带来光明的储光材料

+3价镝可用作稀土长余辉荧光粉的激活剂。由于其可以利用日光或灯光储能而后在夜晚或黑暗处发光，因而被广泛应用在夜间应急指示、光电子器件或元件、仪表显示、低度照明、家庭装饰及国防军事夜行地图等诸多方面，更有望应用于信息处理、新能源、生命科学和宇宙尖端科技领域，影响未来科技的发展。

▲ 调制器

环行器 ▶

使用稀土长余辉 ▶
荧光粉的仪表盘

▲ 磁光开关

镝是制备大磁致伸缩材料铽镝铁（Terfenol-D）合金的必要金属原料。高性能的大磁致伸缩材料是高新技术领域中重要的功能材料之一，它除了具有高的磁致伸缩性能外，还具有输出功率大、能量密度高、响应速度快等特点。

Terfenol-D 大磁致伸缩材料在军事方面的应用是这种材料较早的用途之一，这种材料应用于军事和海洋工程的水声声呐，显示出目前世界上较好的性能，据说其探测距离近 10 000 km。它在工业方面的应用包括各种准确控制和超声应用，涉及超准确机床、机器人、主动减震系统、线性马达、伺服阀、汽车燃油电喷阀、超声健康器具、各种准确仪器、计算机光盘驱动器、打印机等。在超大规模集成电路制作上，使用该材料制作准确定位系统，可使集成电路功能呈数十倍地增加，而体积却大大缩小，对电子工业产生深刻影响。

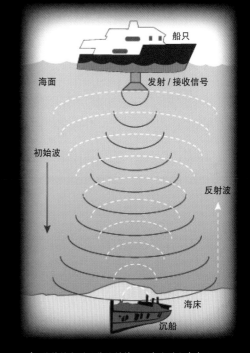

▲ 铽镝铁大磁致伸缩材料运用在海洋水声声呐

新型气体放电光源的原料

镝灯是一种以镝卤化物为发光材料的高光效[>75 lm/W（流明/瓦）]、高显色性、长寿命的新型气体放电光源。这种灯具有亮度大、颜色好、色温高、体积小、电弧稳定等优点，已用于电影、印刷等的照明光源。

真的难以想象，除了能制造性价比最好的磁光存储材料外，镝的应用范围还如此之广。相信随着科技的发展，镝的应用领域还会不断地拓展和延伸。

铽镝铁大磁致伸缩材料用于飞机机翼控制可大幅提升控制系统的反应灵敏度及可靠性 ▶

▲ 大磁致伸缩材料铽镝铁合金

铽镝铁大磁致伸缩材料用于 ▶
导弹制导系统，实现飞行轨
道计算机快速修正

▲ 使用碘化镝的镝灯具有亮度大、颜色好、色温高、体
积小、电弧稳定等优点，是一种新型气体放电光源

铒（Er） 支撑信息传递高速发展的金属

铒	erbium
原子序数	68
熔点	1 497 ℃
沸点	2 868 ℃
密度	9.07 g/cm³

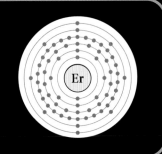

铒为银白色金属，质软，不溶于水，溶于酸。-254 ℃以下是铁磁性的，-254 ～ -193 ℃是反铁磁性的，-193 ℃以上是顺磁性的。它在干燥的空气中稳定，不像其他一些稀土金属那样会被迅速氧化；其盐类和氧化物呈粉红至红色。铒具有很强的正电性，它与冷水反应很慢，与热水反应很快且会形成氢氧化铒。铒的性质在一定程度上取决于所含杂质的种类和数量。

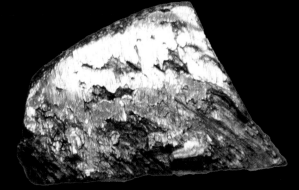

▲ 金属铒锭

破解"钇土"寻得铒

1843年，瑞典化学家莫桑德尔经过对最初发现的钇进行了一系列不懈的分析研究后，终于破解了"钇土"的秘密——人类最初找到的第一个稀土"钇"不是单一的元素氧化物。莫桑德尔从中分离出3种稀土元素：钇（Y）、铽（Tb）和铒（Er）。为了纪念钇矿石的发现地——瑞典斯德哥尔摩附近的伊特比（Ytterby）小镇，莫桑德尔截取了小镇名首字母"Y"（已用于给钇命名）之后的两组字母，并分别把铽命名为"terbium"，把铒命名为"erbium"。1905 年，科学家分离出了纯净的氧化铒。1934 年，纯净的单质铒也终于被科学家制得。铒在地壳中的丰度约为 2.8 g/t，在海水中的质量浓度约为0.9ng/L。我国是目前世界上铒储量及产量最多的国家。

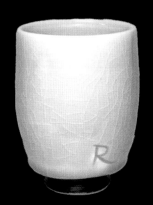

▲ 掺铒的釉彩

光纤放大器支撑信息传递技术高速发展

铒 的氧化物（Er_2O_3）为玫瑰红色，最初人们用它来制造陶器的釉彩，现在看来，真是大材小用了。

铒最突出的用途是制造掺铒光纤放大器。该放大器被称为当今长距离信息高速公路的"加油站"。光纤放大器中只要掺杂几十至几百百万分之一的铒，就能够起到补偿通信系统中光损耗的作用。掺铒光纤放大器就如同一个光的"泵站"，使光信号一站一站毫不减弱地传递下去，从而顺畅地开通了现代长距离大容量高速光纤通信的技术通道。因此，正是铒的应用，支撑了信息传递技术的高速发展。

▲ 石英光纤中掺入少量铒就成为掺铒光纤

▲ 掺铒光纤放大器

▼ 掺铒的便携式激光测距仪

激光功能材料大放异彩

Er³⁺ 加入到玻璃中可制成稀土玻璃激光材料，这是目前输出脉冲能量最大、输出功率最高的固体激光材料。固体脉冲的铒激光，波长为2 940 nm，能被人体组织中的水分子强烈吸收，因此在医学治疗中可以非常精确地切割、磨削和切除软组织。铒激光现已成为祛斑除皱、磨去瘢痕、嫩肤美容医学的宠儿。其最大好处是不会留下瘢痕，一般手术仅需要几分钟，安全可靠、副作用小。铒YAG激光为白内障患者带来福音，因为白内障晶体的主要成分是水，铒激光能量低，能被水吸收，是非常理想的摘除白内障的工具。铒激光治疗仪正为激光外科开辟出越来越广阔的应用领域。

掺铒的激光晶体及其输出的1 730 nm激光和1 550 nm激光大气传输性能较好，对战场的硝烟穿透能力较强，保密性好，不易被敌人探测，照射军事目标的对比度较大，现已制成用于军事的对人眼安全的便携式激光测距仪。

铒还被用作红外光变可见光的激光显示材料，该材料可以把钕激光器发射的人眼看不见的 1 060 nm 的激光转换为可见光，因而可制作红外激光的显示、调试和准直工具。这类上转换材料已成功运用于夜视仪。之后，人们还开发出氟钇锂掺铒绿光等上转换激光材料。

此外，铒还可用作核反应控制棒，也可应用于摄影滤光镜、眼镜片玻璃、结晶玻璃的脱色和着色等。

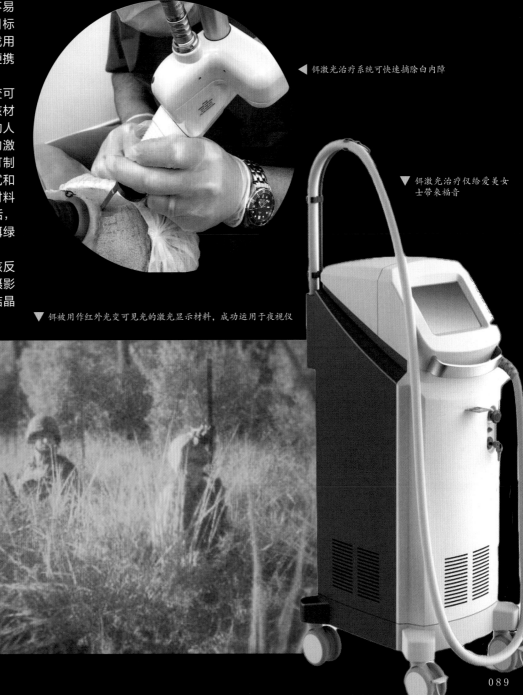

◀ 铒激光治疗系统可快速摘除白内障

▼ 铒激光治疗仪给爱美女士带来福音

▼ 铒被用作红外光变可见光的激光显示材料，成功运用于夜视仪

钋（Po） 世界上最毒的金属元素

钋	polonium
原子序数	84
熔点	254 ℃
沸点	962 ℃
密度	9.4 g/cm³

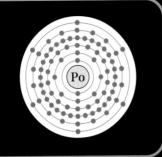

▲ 著名科学家居里夫人与丈夫皮埃尔·居里在 1898 年发现放射性元素钋。为了纪念居里夫人的祖国波兰，这种元素被命名为钋

极稀有的放射元素

钋是一种银白色金属，具有放射性，能在黑暗中发光。钋的外观与铅相似，质软，是极稀有的放射性金属，在地壳中的丰度约为 100 万亿分之一。天然的钋存在于所有铀矿石和钍矿石中，但由于含量过于微小，主要通过人工合成的方式取得。在沥青铀矿中，可借由铋的衰变而得到钋。

1898 年，皮埃尔·居里与玛丽·居里在处理铀矿时发现了放射性元素钋。玛丽·居里为纪念自己苦难的祖国波兰，向法国科学院提交报告，请求用自己祖国——波兰的名字来将这种新元素定名为"polonia"（钋）。从此，波兰这个国家的名字留在了元素周期表上。

造原子弹的关键材料

微量的钋可用中子辐照铋衰变产生，而制备较大量的钋则必须凭借核反应堆等大型设备——通常会

钋为制造原子弹的关键材料 ▶

在受国际协议严密监督下的核反应堆或粒子加速器中制造。全世界每年的钋产量只有 100 g 左右。钋价格最为紧俏的 1952 年，曾飙升到 1 000 万美元 1 g 的价格，原因是钋为制造原子弹的关键材料。钋的放射性活跃度是镭的 29 115 倍，引爆一颗标准的 6 kg 钚核心，只需要大约 20 μCi（微居里）的钋元素。

最恐怖的暗杀奇毒

钋 在为人类工业发展做贡献的同时，又被称为"万毒之王"。钋是世界上最毒的物质。^{210}Po 的毒性比氰化物高太多——氰化钠对人致死量为 0.1 g，而 0.1 g 钋可以杀死上千万人。^{210}Po 属于极毒性核素，它容易通过核反冲作用而形成放射性气溶胶，污染环境和空气，甚至能透过皮肤进入人体，因此必须密封保存。

通常情况下，^{210}Po 对自然界和人类并不构成危险。这是因为钋是最稀有的元素，^{210}Po 的物理半衰期为 138 天，也就是说，每过 138 天，它的放射性活度就自动减少一半，约 2.5 年后其放射性基本消失。

即使用这种庞大的粒子加速器制造钋，全世界每年的产量也只有 100 g 左右 ▶

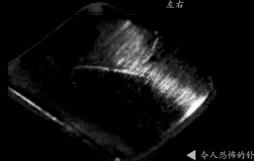

◀ 令人恐怖的钋

铀（U） 最先用于制造原子弹的元素

铀	uranium
原子序数	92
熔点	725 ℃
沸点	4 134 ℃
密度	18.95 g/cm³

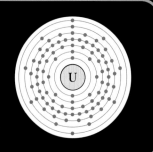

▲ 色彩艳丽的硅钙铀矿

美丽但致命

铀是高密度、银白色金属，化学性质活泼，在空气中能自燃，是自然界存在的原子序数最高的元素。作为极稀有的天然放射性金属元素，铀曾是最重要的核燃料。

1789 年，德国化学家克拉普罗特从沥青铀矿中分离出铀，并用 1781 年发现的天王星"Uranus"将其命名为"uranium"。其实早在古罗马时期，铀就被用于陶瓷釉料。18 世纪，加入铀的玻璃加工工艺流行，泛着油绿色光的凡士林玻璃曾为当时时尚圈的宠儿。

铀在地壳中分布广泛，平均丰度约为 2.5 g/t。但可工业利用的矿床概率比其他金属元素小很多，具有工业开采价值的铀矿只有沥青铀矿、钾钒铀矿两种。铀及其一系列衰变子体的放射性是铀存在的最好标志，借助于专门的仪器人们可以方便地把铀探测出来。铀矿是矿石家族的"玫瑰花"，色彩绚丽却"多刺"，甚至会致命。

▲ 色彩艳丽的铀矿石

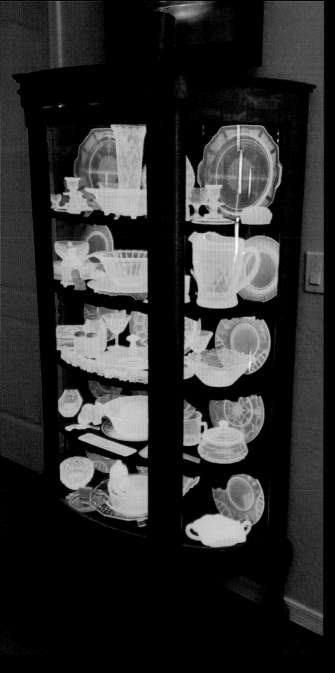

▲ 海水中储量最大的放射性元素是铀，约达 40 亿 t，是陆地上铀储量的 1 544 倍

◀ 绿色铀凡士林玻璃制品

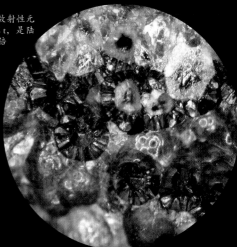

化学家从这种沥青铀矿中分离出铀 ▶

天然可裂变的 ^{235}U 用于生产原子弹

1938 年，德国科学家发现了　铀原子核裂变的现象，为原子弹的制造奠定了理论基础。

铀由 3 种天然同位素 ^{238}U、^{235}U、^{234}U 组成，^{235}U 是唯一天然可裂变核素，可用来生产裂变炸弹。自从发现铀核裂变后，^{235}U 就开始成为主要的核原料。第二次世界大战时美国投掷在广岛的"小男孩"原子弹就是世界上第一颗铀原子弹。

核武器爆炸有着巨大的杀伤力和破坏力，1 kg 铀裂变释放的能量相当于 20 000 tTNT 炸药所放出的能量。

贫铀是一种主要由 ^{238}U 构成的物质，是核燃料制造过程中的副产物。贫铀合金因为密度高、极为坚硬，有自锐性和燃烧性，所以当它受到冲击的时候能燃烧，可用于制造防护材料或高密度穿透武器，如贫铀弹。

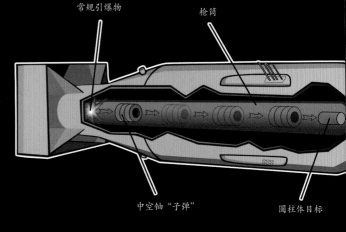

常规引爆物　　　枪筒

中空铀"子弹"　　　圆柱体目标

▲ 美国投掷在广岛的"小男孩"原子弹是世界上第一颗铀原子弹

◀ 核反应堆

核潜艇 ▶

中国核工业铸就了共和国之盾

铀资源主要分布在美国、加拿大、南非、澳大利亚等国家和地区。中国是铀矿资源不甚丰富的国家。1949 年初期，我国内忧外患，百废待兴，加之在朝鲜战场上又多次受到美国的核威胁，于是，发展核武器的计划被提上了议程。1954 年，地质部技术人员和苏联专家在我国的广西采集了我国第一块铀矿石并带回北京。1955 年 1 月 15 日，毛泽东主持召开了中共中央书记处扩大会议，听取了李四光、钱三强、刘杰等的汇报；中央领导传看了采自广西的我国第一块铀矿石标本，这块矿石后来被誉为共和国核事业的"开业之石"；这次会议也为我国发展原子能核事业做出了历史性决策。1955 年 9 月，中央地质部"309"队在今天的湖南郴州市找到了制造原子弹的原料——铀矿，为我国第一颗原子弹、氢弹的成功爆炸及第一艘核潜艇下水提供了主要原料。

1964 年 10 月 16 日 15 时，新疆维吾尔自治区罗布泊上空，^{235}U 原子核裂变的巨大火球和蘑菇云升上了戈壁荒漠，中国第一颗原子弹爆炸成功。这一震惊全球的消息向世界庄严宣告：中国人民依靠自己的力量，掌握了原子弹技术，打破了超级大国的核垄断，标志着中国终于以强国的姿态屹立于世界。

我国第一颗原子弹成功试爆，凝聚了无数科学家和无名英雄的心血和智慧。他们以身报国，在茫茫无际的戈壁荒原，在人烟稀少的深山峡谷，风餐露宿，克服了种种难以想象的艰难险阻，经受住了生命极限的考验。他们运用有限的科研和试验手段，顽强突破了一个个技术难关，创造出了中华民族为之自豪的伟大成就。

让我们向两弹一星的元

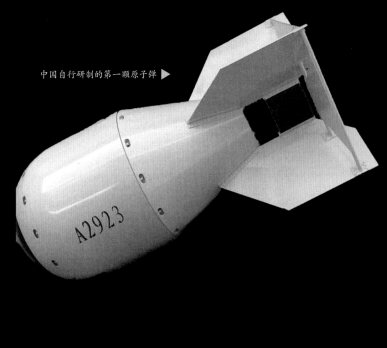

中国自行研制的第一颗原子弹 ▶

采自广西的第一块铀矿石，被称 ▶
为共和国核事业的"开业之石"

让所有中国人都记住他们的名字——

王淦昌、邓稼先、赵九章、姚桐斌、钱骥、钱三强、郭永怀、钱学森、王大珩、程开甲、任新民、吴自良、陈芳允、陈能宽、杨嘉墀、周光召、屠守锷、黄纬禄、彭桓武、于敏……

▼ 1964 年我国第一颗原子弹成功试爆

过渡族金属是化学元素周期表中最大的一族元素，这一族元素的电子以多种方式成键，拥有多样的特性，较难归类。按其属性及分类，我们通常将其分成稀土金属类（第三族）、贵金属类、稀有金属类（难熔金属）、常用金属类（铁铜金属）。

贵金属类是一系列价格高昂的稀贵金属，首先被人类发现和使用的是金和银，它们是人类应用历史最长的金属之一。金(Au)、银(Ag)作为饰品和货币从数千年前开始一直被人类使用至今。其余6种相邻的元素：钌(Ru)、铑(Rh)、钯(Pd)、锇(Os)、铱(Ir)及铂(Pt)构成了彼此性质相似的铂族金属。它们在地壳中的含量都非常少，除了铂在地壳中的含量为亿分之五、钯在地壳中的含量为亿分之一外，钌、铑、锇、铱4种元素在地壳中的含量都只有十亿分之一。

铂族金属具有高密度、高熔点、耐腐蚀的特点，通常都抱团混合一体，较难分离。这些金属大多数拥有美丽的色泽及较高的化学稳定性，在潮湿的空气中抗氧化和耐腐蚀性强，不容易被酸侵蚀。因铂族金属优异的物理化学性质，使得其从历史上的珠宝造币逐渐进入到近现代的电子和催化剂等制造行业。贵金属作为工业的"维生素"，被研发制造成各类材料，广泛用于石油化工、电子电气、船舶和航空工业领域。

目前，贵金属已经进入了工业应用、饰品和投资三大领域高度融合的快速发展时期。

▼ 铂族元素在元素周期表里的位置

钌（Ru） 具有独一无二化学性质的元素

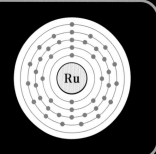

钌	ruthenium
原子序数	44
熔点	2 310 ℃
沸点	3 900 ℃
密度	12.41 g/cm³

差点被权威埋没

钌是很有故事的。1828年，波罗的海的多帕特大学化学教授奥桑在研究乌拉尔山脉的一些铂矿时，报告称发现了 3 种新的元素，他将它们分别命名为"pluranium""polinium"和"ruthenium"（钌）（前面两个至今没有被证实，而第三个则是真实的）。但是，当他把分析实验的结果和样品寄给国际化学权威贝奇里乌斯而被否定后，他很不自

信地选择了放弃。1844年，喀山大学化学教授克劳斯重新研究了奥桑的工作，肯定了铂矿的残渣中确实存在一种新的元属，他也把样品和实验结果寄给贝奇里乌斯，请求他指教。贝奇里乌斯依然认为它不是一种新的元素，最多算是不纯的铱。可是克劳斯和奥桑不同，他坚持"我行我素"，继续自己的研究，并且将每次制得的样品连同详细的说明都逐一寄给了贝

奇里乌斯。在步步正确的事实面前，国际权威不得不承认了克劳斯的成果。克劳斯为了尊重奥桑的研究和表达对自己祖国的热爱，他保留

了奥桑对这种元素的命名"ruthenium"——该名也可看作来自于"Ruthenia"，意思是"俄罗斯"。

拥有独一无二的化学性质

钌金属硬而脆，是难熔金属，富于延展性；在空气、水、酸中稳定，但溶于熔融的碱液中。有着银灰色光泽的金属钌貌不惊人，自身化学性质稳定，王水都很难与其反应，但是却和它的兄弟锇一样，其化合物形态异常活跃，具有从 −2 到 +8 价的 11 种不同的氧化态，这不得不使人对它刮目相待，化学家们利用这种价态间的变化开展了各种探索，研制出多种催化剂。

钌在地壳中仅占约十亿分之一，是最稀有的金属之一。在周期表中，以钌为首再加上铑（Rh）、钯（Pd）、锇（Os）、铱（Ir）及铂（Pt）

这 5 种相邻的元素，就统称为铂族元素，它们彼此的物理化学性质非常相似。钌在自然界中主要以单质形式存在，也以混合物形式存在于铱锇矿、铂钯矿与原铂矿中。这种稀有金属如今每年大约能提取 20 t。

1939 年，美国派克公司在其建立 51 周年之际，推出了一款"风靡世界的钢笔"——派克"51"钢笔，其笔尖就是采用 96% 的钌和 4% 的铱合金制成。

钌与铂、钯一起还可用于制备耐腐蚀合金、耐磨合金与特殊的电接触合金。

近代，随着人们对钌的深入了解，发现钌简直是一

种奇特且令人着迷的元素，它的化学性质在研究者的眼中有着几乎独一无二的魅力。钌的化合物非常活泼，三氯化钌用作有机物聚合、加氢、异构化等反应的催化剂，也用来检测二氧化硫；用钌作催化剂的燃料电池，规模大小可随意选择，而且无噪声、无振动、不排放硫化物和二氧化碳，综合利用率高达80%；由二氧化钌粉末、钌酸铋和钌酸铅为主要原料制作的钌基厚膜电阻浆料，具有阻值范围宽、电阻温度低、阻值重现性能好和环境稳定性好等优点，用于制作厚膜混合集成电路、高性能电阻和高可靠性精密电阻网络。

你可能想象不到，四氧化钌和它的同族兄弟四氧化锇一样，在显微镜观测和指纹检测中，能给我们指点迷津。

◀ 镀黑色钌的人造珍珠

经典的派克"51"钢笔，笔尖用96%的钌和4%的铱合金制成。艾森豪威尔和麦克阿瑟分别签署第二次世界大战欧洲和太平洋战区结束的条约时，用的就是这款钢笔 ▶

▼ 钌用于制造混合电路

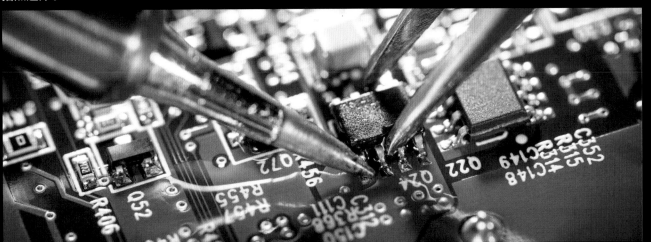

钌是一种罕见的金属，造价昂贵 ▶

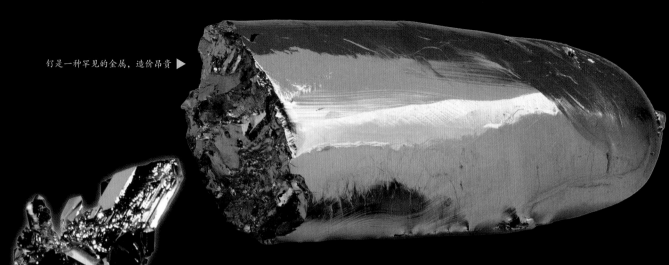

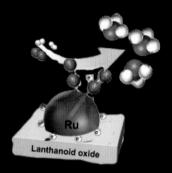

▲ 纯的金属钌块

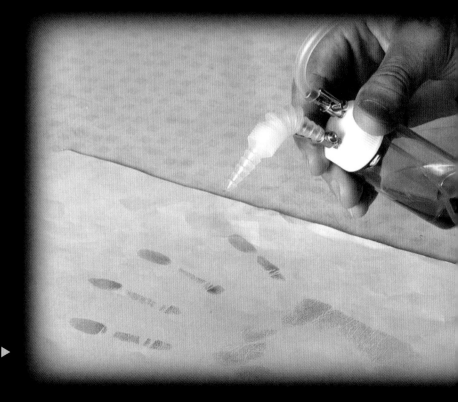

Ru

Lanthanoid oxide

▲ 新型结构的钌催化剂可以
　高效催化合成氨

法医正在用四氧化钌蒸气检测乳胶手套上的指纹。这 ▶
种蒸气能够与指纹中的油脂反应，将它们染成深棕色

良治在 2001 年和美国化学家威廉·诺尔斯分享了当年的诺贝尔化学奖奖金；紧接着，在烯烃复分解反应中使用的耐空气和潮气的钌基均相催化剂对全合成和材料化学产生了重大影响，其领军人物——美国化学家罗伯特·格拉布因此共享了 2005 年的诺贝尔化学奖；最近，有不少科学家在研究将钌的有关配合物作为染料敏化太阳能电池中的染料使用，这种电池极有可能在性价比上超越硅基太阳能电池。钌的某些配位化合物对分解水有特殊的催化功能，它在太阳光的强辐射下很容易进入高能状态，有希望非常节能地分解水，制取氢与氧，而氢与氧正是高能燃料——人们又看到了永远解决能源问题的一道曙光；到那时，也许诺贝尔奖的分量都太轻了。

料和其他有价值的碳氢化合物产品，使塑料的再利用变得高效简易，助力绿色持续发展。

钌已经被人类发现了 170 多年，但它的化学性质

▼ 2005 年诺贝尔化学奖获得者

伊夫·肖万 [法国]

罗伯特·格拉布 [美国]

理查德·施罗克 [美国]

铑（Rh） 价格起落　惊心动魄

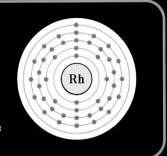

铑	rhodium
原子序数	45
熔点	1966 ℃
沸点	3727 ℃
密度	12.43 g/cm³

铑非常稀少、珍贵，在地壳中的丰度仅为 0.0002 g/t，居第 79 位。铑在全球的总产量仅 30 多吨，已探明的工业储量只有 2000 多吨，南非最多，占了 94% 左右，其次是俄罗斯。铑在中国非常稀缺，且主要集中在甘肃金川地区。铑在自然界中虽然主要以单质形式存在，但却总爱跟其他铂系金属共生在一起。

名字源于迷人的玫瑰色

1803 年，英国化学家、物理学家沃拉斯顿发现了金属铑。当时他和史密森·特南特在一个商业投资中合作——主要是为了生产出纯铂来出售。当他们把普通的铂溶解在王水中时，却发现不是所有的铂都溶入了溶液中，还留下了黑色的残渣。特南特研究了这些残渣，最终他从中提取出了锇和铱；而沃拉斯顿则全神贯注于这个铂溶液，该溶液中也包含钯。他用沉淀法移除了铂和钯，然后留下了一种漂亮的玫瑰红溶液；进而，他从该液体中获得了玫瑰红晶体，并最终分离出了金属铑。也许，沃拉斯顿太喜欢美丽的玫瑰了，他直接将这种新元素命名为"rhodium"——该名来自于希腊文"rhodon"，意思是"玫瑰"——并将元素符号定为"Rh"。

铂族中普通的一员

铑 是 6 种铂族元素之一，它的性质与应用与其他铂族元素非常相似，常与铂系金属形成合金。致密铑为银白色金属，质硬而脆，耐磨，延展性远不如铂和钯，热态下性柔韧，冷态下迅速硬化。对可见光有很高的反射率。单质铑电阻率小，是热和电的良导体。铑的化学性质相当稳定，常温下在空气中不氧化，也不与非金属作用，抗腐蚀性强，不溶于普通强酸，与王水的作用也非常缓慢。但在高温下或在有氧化剂的条件下，铑却非

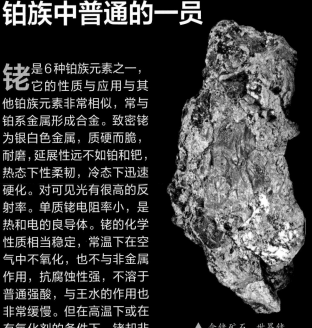

▲ 含铑矿石，世界铑产量约为铂的 2.8%

常活跃，能生成许多带不同色彩的化合物；在有氢参加的化学反应中，具有良好的催化性。在科学仪器和实验室里，你常会看到铂铑合金制造的电热丝、测量高温的热电偶等。

▼ 铂铑合金

▲ 镀铑使廉价珠宝显示出晶莹光泽

▼ 铂铑热电偶在金属冶炼中用于温度测量

既传统又惊世骇俗

铑的一个著名之处就是在珠宝上的应用。看上去闪闪发亮让人误以为是银或铂的廉价人造珠宝通常是因为其上镀了铑。因为金属铑对可见光有很高的反射率，1μm厚的铑薄膜比世界上所有的铂都更为闪亮和持久不变色，令凡夫俗子爱不释手。实际上，专家一眼就能够识别出镀铑层，因为它实在太闪亮了。这种高光亮程度在反射镜镀层上也能派上用场，例如在探照灯上。

不过，到目前为止，铑的最主要用途看上去完全没有那么"闪亮"。从20世纪70年代以来，铂、铑、钯三元催化器被用于机动车尾气净化之后，铑的需求量得以暴增，80%的铑的命运就终结在尾气净化器里，正可谓是以昂贵之身俯首甘为孺子牛，为改善人类环境做出了重要的贡献。

可是，当新能源车逐渐取代传统车辆时，世上80%的铑将在哪里找归宿呢？不用担心，科学家已经做了大量的工作。最近有一个令人兴奋的进展，多种基于Rh^{24+}核心的配合物有望成为抗癌化合物。就像多年前开发基于元素铂的顺铂类药物那样，科学家正在大力开发铑基新药。

铑在现代科学上的精彩表演使其给人类留下了光辉的一面。美国化学家威廉·诺尔斯利用铑催化剂的对映选择性在手性催化氢化反应方面取得了杰出成就，为此，威廉·诺尔斯与日本化学家野依良治分享了2001年诺贝尔化学奖的一半奖金；另一半由美国化学家巴里·夏普莱斯获得。他们三位之所以被授予诺贝尔化学奖，是因为他们以不同的途径在不对称合成方面取得了成绩，为合成具有新特性的分子和物质开创了一个全新的研究领域——像一些重要的抗生素、消炎药和心脏病药物等，都是根据他们的研究成果制造出来而造福人类的。可以相信，尽管铑并不如它的其他铂族兄弟那样有名，但是铑正在努力拓宽应用疆域，相信不久的将来，铑定会给人类带来更多惊喜。

让人们料想不到的是，惊喜还未来，惊心动魄却因铑的价格而起。如你在2004年1月购入1 oz（盎司）（1 oz=28.350 g）铑并在2008年6月抛售，你的投资额在4年内将增值22倍——由312美元变为6 864美元；而如果你在2008年6月购入6 864美元的铑，并在5个月后抛售，它就只值522美元，贬值为之前的1/13。到了2020年，铑的价格更是令人抓狂，从年初的6 050美元/oz飙升至3月10日的13 800美元/oz的历史新高；但在3月底之前，随着新冠病毒在全球传播，铑的价格又暴跌至7 800美元/oz，而在9月，铑的价格又回升到12 200美元/oz。所以，如果要经营这个比黄金昂贵得多的贵金属，无论是投机或是投资，都需要一颗强大的心脏。

铑在汽车尾气治理中发挥作用 ▶

▼ 铑的价格起伏如"过山车"一般

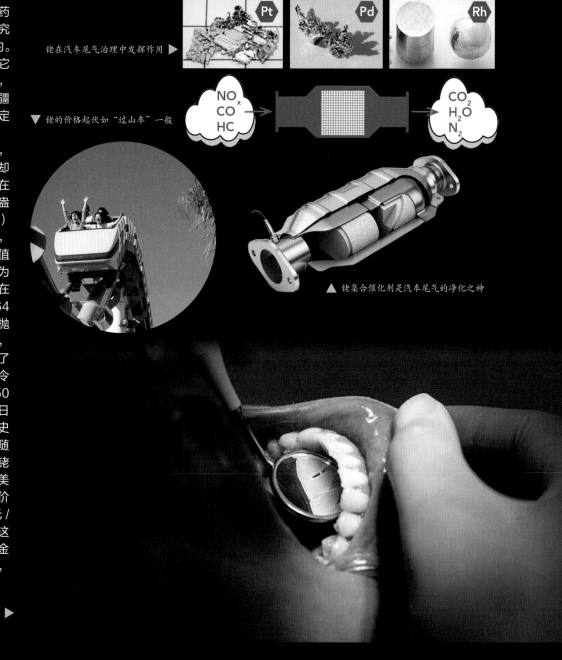

▲ 铑集合催化剂是汽车尾气的净化之神

将铑蒸发在玻璃表面，可制成一种 ▶
特别优良的反射镜面

钯（Pd） 铂族金属中最柔软的元素

钯	palladium
原子序数	46
熔点	1 554 ℃
沸点	3 140 ℃
密度	12.02 g/cm³

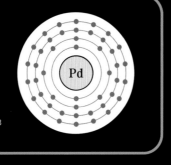

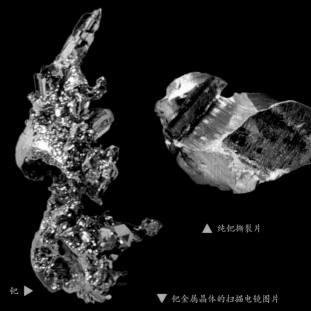

▲ 纯钯撕裂片

钯 ▶

命名源于智神星

▼ 钯金属晶体的扫描电镜图片

1803年，英国化学家沃拉斯顿从铂矿中又发现了一个新元素。他首先将天然铂矿溶解在王水中，除去酸后，滴加氰化汞 $[Hg(CN)_2]$ 溶液，获得黄色沉淀；然后将硫黄、硼砂和这个沉淀物共同加热，得到光亮的金属颗粒——这是一种与之前的任何金属都不一样的物质，一种新元素由此诞生，沃拉斯顿将其命名为"palladium"。该名借用了1802年刚发现的小行星智神星（Pallas）的名字。实际上，"Pallas"源于希腊神话中智慧女神帕拉斯·雅典娜。

与其他大多数铂族元素类似，钯稀有且通常存在于铂矿之中。在地壳中的丰度为0.000 6 g/t，居第77位。世界上铂族资源最丰富的地区是南非，其次是俄罗斯、加拿大和美国。中国的铂族

DEUTSCHLAND

2019

Palladium

MIKROWELTEN 230-fach

85

资源奇缺，还不到世界总储量的 1%，主要分布在甘肃，其次是云南、四川和黑龙江，约占全国总储量的 95%。钯在全球的总产量仅 300 余吨，其中 2/3 来自矿山，主要产自南非和俄罗斯；另有 1/3 来自以汽车尾气催化剂领域为主的回收。

▼ 钯金属颗粒

吸氢之王

关于钯的最令人惊奇的事情是它那绝对令人震惊的吸附氢的能力，无须使用任何外界压力，一个单位体积的固态钯能吸附约 900 个单位体积的氢气。氢气就这样轻而易举地被纳入钯原子之间的晶格空间中。因此特性，制造电子管和显像管时，用钯作吸气剂，可吸收残存气体，以维持管内的真空状态。

钯在铂族金属中熔点最低，硬度较小，性柔软，是铂系中延展性和可塑性较好的金属之一。钯虽和它的同族兄弟一样，化学性质不怎么活泼，但钯是耐腐蚀性最差的铂族元素——它虽不溶于冷硫酸和盐酸，但遇热硫酸则起反应，更溶于浓硝酸和王水。不过，钯同大多数铂族兄弟一样具有良好的催化性。

▼ 钯催化剂微观图像

随着 20 世纪 70 年代三元催化器问世，钯陪同它的兄弟铂、铑广泛地进入普通大众视野，它们在车辆屁股下用看似悲催的生命给人类带来了美好的环境。事实上，人类所生产的钯有一半以上都用在了三元催化器里，净化着燃油车辆的尾气。不过，钯也会偶尔绽放其光彩，提醒人们，它也有广泛的用途。2010 年，钯就伴随着诺贝尔奖火了一把。这一年的诺贝尔化学奖颁发给了美国科学家理查德·赫克、日本科学家根岸英一和铃木章，以表彰他们在开发利用钯催化剂制备碳—碳键化合物方面的贡献。他们通过实验发现，碳原子会和钯原子连接在一起，进行一系列化学反应。这一技术让化学家们能够精确有效地制造他们需要的复杂化合物。目前，钯催化交叉偶联反应技术已在全球的科研、医药生产和电子工业等领域得到广泛应用。

钯的用途确实广泛。不单是其催化性被广泛用于化学、医药和电子工业中，长期以来钯还被用来制作特殊合金、低电流接触点、电阻线、印刷电路、手机和电脑的电容器，并被用于制作首饰和镶牙材料。不久的将来，随着燃油车辆的减少，相信科学家们会使更多的钯免于在汽车屁股底下生活的命运，让它们更多地登上大雅之堂，绽放出奇异的光彩。

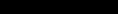
2010 年诺贝尔化学奖得主 ▶

理查德·赫克[美国]

根岸英一 [日本]

铃木章 [日

▼ 钯用于印刷电路板

银（Ag） 总是受宠的闪亮元素

银	argentum
原子序数	47
熔点	962 ℃
沸点	2 212 ℃
密度	10.5 g/cm^3

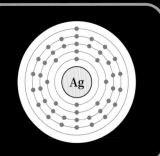

银也"鹤立鸡群"

这种银色光泽的金属是顺磁性物质，银原子的电子在整块金属中都是自由的，这些自由的电子导致银在三个方面的表现使它鹤立鸡群。银电阻率最小，是最好的导电体，也是最好的导热体，而且具有最好的反射性，对可见光的反射率为100%；银极富延展性，可制成厚度为 0.001 5 mm 的极薄箔片，质量为 1 g 的银可拉长至 1 800 m；银的化学性质相当稳定，常温下在空气与水中均不生锈，当遇到硫、硫化氢、臭氧和卤素时才发生反应。

历史上曾经比金还珍贵

银在自然界中可以以单质形态存在，所以人类在 6 000 年前就发现了它，人类迄今发现的最大的天然银块重 13.5 t。虽然在自然界中单质的银块能发出如月亮般明亮的光辉，但其大多数则分散地存在于共生矿物中，所以，虽然银在地壳中的含量（0.07 g/t）远远高于黄金，居第 66 位，但它被发现的时间却比黄金晚了 15 个世纪。过去，白银比起黄金来，不仅不容易被发现，而且提炼起来也复杂得多，以致古代的银产品比金产品少、银价格比金贵。公元前 1780—前 1580 年的埃及，白银的价格是黄金的两倍。在中世纪的欧洲，银的价格也长期高于金。

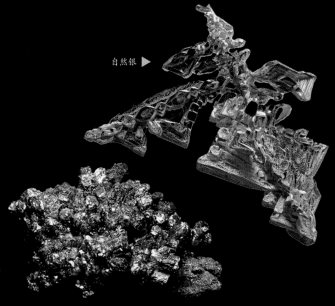

自然银 ▶

天然的银矿 ▶

总是受宠的银

从古代开始，银就是人类的宠儿，被用来制作贵重饰品和精致的食器，不少国家还采用银做货币。中国唐宋年间就有经营银砖和银制食器的店铺，相对于"金行"，这些店铺被称为"银行"。在货币方面，银币逐渐替代了金币，最后"银行"作为金融机构被沿用至今。

受宠的银用强大的杀菌消毒作用回馈着人类——它能和细菌的酶紧密地结合在一起，使酶失去活性。从古至今，银的化合物硝酸银、氧化银、磺胺嘧啶等不断被开发出来用于生活和医药。

银曾经是感光材料的主角，记录着人们的喜怒哀乐，摄影其实就是银化合物的光学反应。不过科技的进步使它在这方面的应用直线

袁大头，1914年北洋政府公布的"国名币条例"正式规定启用的中国货币

▼ 银币

◀ 镜子镀上银，能得到更好的光反射性能

减少，但它在工业和高科技方面的应用却在迅速增加。1835年，德国化学家李比希发明了一种在玻璃表面沉积一层均匀银膜的方法，这就是著名的"银镜反应"——利用银（Ag）化合物的溶液还原出金属银的化学反应，由于还原出的金属银附着在容器内壁上，光亮如镜，故称为银镜反应。此后，银镜取代了当时已沿用数千年的青铜镜、锡箔镜，不过现又已为更加便宜的镀铝镜取代。

▲ 银版摄影法拍摄的照片。法国布景画家达盖尔于1839年发明了利用水银蒸气对曝光的银盐涂面进行显影的方法。这种摄影方法的曝光时间约为30 min，大大短于尼埃普斯日光硬化的摄影方法。用这种方法拍摄出的照片具有影纹细腻、色调均匀、不易褪色、不能复制、影像左右相反等特点。这种摄影方法以达盖尔的名字命名，故被称为达盖尔银版法

◀ 闪闪发光的银饰，装点苗族节日的盛装

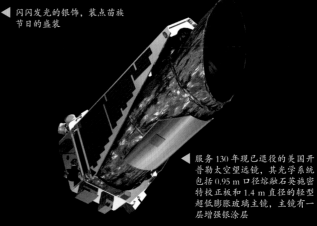

◀ 服务130年现已退役的美国开普勒太空望远镜，其光学系统包括0.95 m口径熔融石英施密特校正板和1.4 m直径的轻型超低膨胀玻璃主镜，主镜有一层增强银涂层

具有最佳导电性

银因具有最佳导电、导热性能，已被用于灵敏度极高的仪器元件、自动装置、核装置、潜水艇、火箭、航天器、计算机和通信系统中的大量电接触点。如将银粉加入到胶水中，用它来把芯片和散热片粘在一起；以氧化银为正极、以锌粉为负极的蓄电池，既可做成航天和军事领域使用的约100充放周次的大电流蓄电池，也可以做成一次性的小电流纽扣电池；氧化银在玻璃工业中用作涂膜和着色剂；硫化银用作玻璃容器的黑色刻度；氯化银用作电极材料；碘化银粉末撒在云层中可催化人工降雨。总之，银就是这么令人喜爱。

▲ 银制的餐具

金属中银的导电、导热性最好 ▶

▼ 电镀银兰博基尼 L P 0 0 - 4

112

锇（Os） 密度最大的金属

锇	osmium
原子序数	76
熔点	3 045 ℃
沸点	5 027 ℃
密度	22.48 g/cm³

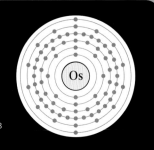

家并未深究，而特南特却总是惦记并鼓捣着这些"渣滓"。1803 年，特南特宣布从这些"渣滓"中分离出来两种新的金属：一种是铱，另一种就是锇。大概是在无数的提炼分离过程中，那刺鼻的臭味让他不舒服，他干脆直接就用源自希腊单词"osme"（臭）的英文"osmium"给这个新元素冠了名。

被嗅觉感受而冠名

第76 号元素锇，其英文名称"osmium"源自希腊单词"osme"，意思是"臭味"，因为它的氧化物有一种强烈刺鼻的臭味。锇之所以被冠以不雅的称谓，还得"归功"于英国化学家史密森·特南特。特南特学过医学，但毕业后他发现自己性格不适合行医，于是转而钻研化学。1785年，23 岁的特南特尽管尚未发表任何学术文章，却被选为英国皇家学会会员。实际上，他在整个职业生涯里就没发表过几篇文章，但是每一篇文章都是重量级的。比如，他向世人揭示了钻石仅仅是由碳构成的。

1800 年，特南特与人合伙创办了一家销售铂金的企业，并开始制备大量铂金。他注意到用王水提取铂时会留下难溶的黑色残留物，这个情况在他之前也有其他人注意到这一点，但大

稀缺而"重"磅胜出

锇是自然界中最为稀少的几种稳定元素之一，它在地壳中的丰度仅为 0.000 1g/t，居第 80 位。锇可以在天然形成的铱与锇的合金中找到，这种合金既

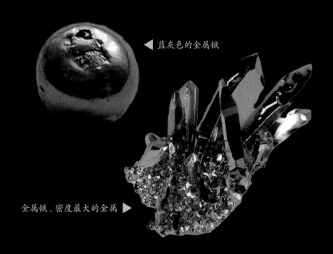

◀ 蓝灰色的金属锇

金属锇，密度最大的金属 ▶

可以称为锇铱合金，也可以称为铱锇合金，这取决于哪种元素占主导。如今，工业用的锇是精炼镍和一些更常见的铂族金属时的副产品。一辆汽车的后座就能轻松装下锇的全球年产量（约半吨多点），这一产量不到黄金的 1/5 000。世界上的产锇大国是南非和俄罗斯；中国的锇资源太少，有 74% 都在甘肃省。

人们很早就知道元素周期表中的锇和铱这一对邻居是所有金属中密度最高的，但哪一个更重一直争论不休。人们借助它们的晶体结构和原子重量加以计算，可是，因为它们的密度实在是太接近了，所以测量精度的提高会时不时地让"最重元素"这一称号易主。直到 20 世纪 90 年代，更精确的研究表明，锇的密度刚好比铱的密度稍大一点：

在 20 ℃时，锇的测量值是 22.48 g/cm³，铱的测量值是 22.42 g/cm³，只有约 0.06 g/cm³ 的差别，但锇终于重磅胜出，夺得"已知最大密度金属"的称号。

锇因稀缺而昂贵。硬而脆、呈淡蓝色的锇金属在外观和手感上多少欠缺些吸引力，然而，锇仍然拥有一些可圈可点的特性。它在外部压力下有很强的抗压能力，拥有在所有物质中最低的可压缩性。如果不是和它的同族兄弟混合形成合金，它的金属形态几乎没有什么实际应用，但它的化学性质却不迟钝——它具有从 −2 价一直到 +8 价的 11 种不同氧化态；这种多样性只有钌、氙可以与之相比。高达 +8 价的氧化态是所有元素中在正常环境下观察到的最高价态，这让它可以自豪地说：锇虽臭，但用起来真"香"。

生锈的手术刀。

锇还是一种磁致伸缩材料，在现代工业中也有它的身影，可制造超小型声呐换能器，用于海洋、油田测绘和防卫装置。

合成氨的工业化一直以来都是一个艰难的课题。人

类从第一次尝试合成氨到工业化投产，花费了约 150 年的时间，最终形成哈伯合成氨法；而锇作为合成氨反应的催化剂在这个过程中起到了非常关键的作用，具有重要的里程碑意义。

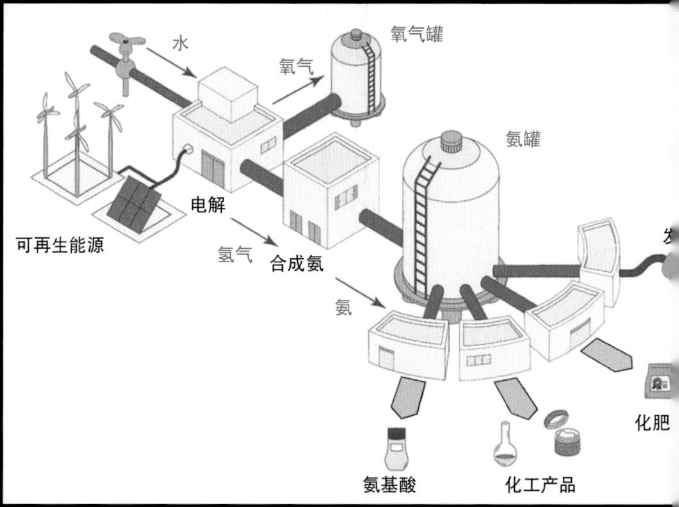

▲ 合成氨

合成氨工业的第一代催化剂

很 早以前人们就发现锇与铂、铱、铑、钌这些元素混合形成的硬质合金上常耐腐蚀又十分耐磨，

所以传统上用于制作钟表和仪器的轴承以及高端的钢笔尖、留声机的唱针头，甚至用于制造坚韧、锋利而又不

探索新用途

其 实，锇最有价值的是其四氧化物——四氧

化锇（OsO₄），就是它发出刺鼻的臭味而且还有极大

的毒性。但你可能都想象不到，在显微镜观测和指纹检测中，细小的样本涂上它，谜团就可能真相大白。这还不算什么，它甚至在一项诺贝尔大奖中扮演了重要的角色：现代美国化学家 K. 巴里·夏普莱斯（2019 年 11 月当选为中国科学院外籍院士）以四氧化锇为关键成分配制出一种出色的多组分催化剂，可为碳—碳双键添加两个羟基（醇类）官能团从而分享了 2001 年诺贝尔化学奖一半的奖金。这一方法揭示了四氧化锇或许有更多的用途。例如在某些抗肥胖和抗糖尿病药物的制备过程中，就用它做了催化剂。也许，科学家们的不断努力还会让锇的化合物给人们带来更多惊喜。

▲ 铱金笔尖上那颗银白色的小圆点，就是锇铱合金

▲ 腕表

▼ 心脏起搏器的电极通常由一种锇铂合金制成，它具有很强的抗腐蚀性。这种电极负责向心肌提供电信号

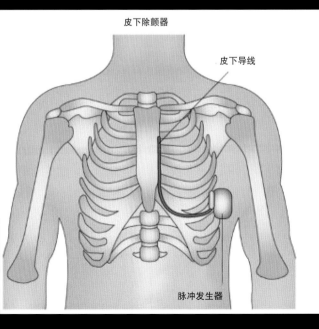

皮下除颤器

皮下导线

脉冲发生器

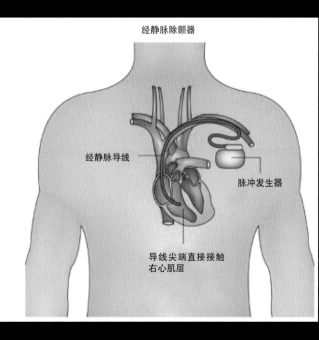

经静脉除颤器

经静脉导线

脉冲发生器

导线尖端直接接触右心肌层

铱	iridium
原子序数	77
熔点	2 410 ℃
沸点	4 130 ℃
密度	22.42 g/cm³

Ir

素之一，仅为 0.000 003 g/t，居第 83 位。可能是由于铱的亲铁性，地球中的大部分铱在地球形成时就沉入地心随铁系金属构成地核。然而，进一步的研究却使科学家们大吃一惊。20 世纪 80 年代，美国物理学家路易斯·阿尔瓦雷茨发现，在远古时代，铱就对我们的星球发生了重大影响，留下过深刻的印痕——铱涉及了一场巨大的席卷全球的灾难事件，即 6 500 万年前发生的白垩纪—古近纪（K–Pg）物种灭绝事件。那时，一颗直径 10 km、含有大量铱的小行星撞击了北美洲墨西哥尤加敦半岛，它的巨大冲击力炸出了一个直径 180 km、深 900 m 的特大陨石坑。这一撞击不仅造成了全

▼ 犹加敦半岛陨石坑

"彩虹女神"与恐龙

铱的故事古今相接。它和锇于 1803 年同时被英国化学家史密森·特南特发现。特南特以希腊神话中诸神的信使——彩虹女神"Iris"（伊丽丝）之名，将其命名为"iridium"，按他的话说，是因为这种金属溶于盐酸时会产生幻彩斑斓的色彩。

科学家在随后的研究中得知铱是地壳丰度最低的元

球范围内的强烈地震，而且因其形成的尘埃长时间挡住阳光导致的暗无天日，使地球经历了一段漫长且荒芜的冬季，致使地球上包括所有的非鸟类恐龙在内的 70% 的动植物物种消失。尘埃落地后沉积的红色黏土层即 K-Pg 界线内含铱率高达地壳平均含铱水平的 600 倍，在 K-Pg 界线之上一直没有发现恐龙化石的这些事实，进一步印证了那颗含有大量铱的小行星是那次灾难事件的"元凶"。路易斯·阿尔瓦雷茨的理论后来得到了越来越多证据的支持，目前小行星撞击假说已经被人们广泛接受。

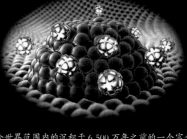

铱金属被证实可摧毁癌细胞 ▶

▼ K-Pg 界线：一个存在于全世界范围内的沉积于 6 500 万年之前的一个富含铱的标志着白垩纪与古近纪之间分界的黏土薄层。这些铱来源于 6 500 万年前使恐龙全军覆没的那个威力巨大的小行星。白垩纪（K）的岩层年龄较老，位于界线的下方，古近纪（Pg）的岩层较为年轻，位于岩层的上方

"顽固不化" 的铱

全景曝光。不仅如此，医学上也找到了 ^{192}Ir 的用途——治疗前列腺癌、宫颈癌和胆管癌，等等。我们相信，铱确实还会有许多惊奇等着我们去发现。

铱在自然界中主要呈单质存在，以天然合金或混合物形式与其他铂系金属共生于铱铂矿、铱锇矿与原铂矿中。铱的物理性质从它被发现那一刻起就非常清楚了：高熔点（2 410 ℃）、高硬度（1 760 MPa）以及高密度（22.42 g/cm³，是铅的两倍多，仅次于锇）。

铱的化学性质非常稳定，是最耐腐蚀的金属。常温下，在空气和水中均不被腐蚀，连热王水也不能把致密状态的铱溶解，只有海绵状的铱才会缓慢地溶于热王水中。铱实在是太少了，从矿石中提取铱也许太过昂贵，全球的年产量和消耗量仅为 3 t，铱确实是一种昂贵的金属。

▼ 国际计量千克原器，用铂和铱混合铸造的圆柱形铸件

▼ 火花塞是燃油汽车发动机的心脏

▼ 铱极其难以熔化，这个团块只是被大约半熔化而形成的，所以才有这么奇怪的形状

走进凡间的铱

第 77 号元素远古时参与了一个时代的终结，这足以吸引如今的人们去不断地研究它、认识它，它有许多的惊奇等待我们去探索。铱的抗腐蚀能力很强，在高温下也表现不俗，这就使其成为非常理想的火花塞和发动机的构件，被应用在航空工业中。在一些重要场所的金属端点、电极开关、高温容器、化学仪器、高热电炉、电阻线、热电偶、坩埚等处，你也可能会看见人们"吝啬"地使用它的情景。最初的国际标准的米原器与千克原器，则是用膨胀系数极小的 9∶1 的铂铱合金制作的。铱如今也常被应用在一些重要的均相催化中，比如有机铱化合物被用来催化甲醇羰基化生成乙酸。人造放射性同位素 ^{192}Ir 不仅被用来制造高清晰度的 X 射线望远镜，而且它参与制造的便携式探伤仪，工作效率极高，可对钻井、球罐和石油管线实现 360° 一次性

铂（Pt） 多才多"技"的元素

铂	platinum
原子序数	78
熔点	1 772 ℃
沸点	3 827 ℃
密度	21.45 g/cm³

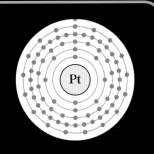

造成这种状况的原因。至今发现的最大天然铂块重9.6kg。所有的铂族元素中，铂在地壳中含量最多，以单质形式出现在自然界中的铂爱跟金及所有的铂系金属共生在一起。世界上铂资源最丰富的地区是南非，其次是俄罗斯、加拿大和美国，全球铂的产量不足100 t。中国的铂资源奇缺，还不到世界总储量的1%，甘肃的铂矿占全国储量的90%左右。

被误认为"银"的铂金

事实上，铂的英文名"platinum"来自于西班牙语的"白银"一词"plata"。1735年，西班牙海军军官得·乌罗阿在南美洲西北部平拓河畔废弃的金矿石中发现铂。当时，西班牙征服者将这种银色的金属称为"platina del Pinto"，即"平拓河畔的碎银"。有不少人认为这只是银的一种价廉的"亲戚"并丢弃了它。直到1752年，瑞典化学家谢菲尔才肯定它是一种独立的新金属，他将其称之为白金。由于铂在铂系矿物中的含量比其他元素含量大得多，因而它是铂系元素中首先被发现的。

铂在地壳中的丰度为0.001 g/t，和金相近，居第75位，且化学惰性和金比较也不相上下，但是人们发现并使用它们却远在金之后。它在自然界中的极度分散和它的高熔点，可能是

不逊于金的身段

历史上，铂是最具声望的元素。当然，金是伟大的，但铂总是更有口碑。铂不仅稀有珍贵，且耐磨耐锈蚀；它呈银白色，密度大、硬度小，质地较软，延性居然为金属元素之最，1 g铂能拉成4 000 m长的丝，最细的铂丝直径只有1/5 000 mm；展性也极佳，能压成仅0.002 5 mm厚的铂箔。块状铂及铂黑吸收气体的能力惊人，尤其是对氧的吸收量最大，1体积铂可吸收70体积的氧。铂的化学性质稳定，除了王水，常温下强酸、强碱都奈何不了铂；在空气中，铂加热到表层发红才能生成薄膜式不稳定氧化物，但这时铂却成了能够引发多种气体迅速进行化学反应的催化剂。

▲ 自然铂

大展身手　造福人间

铂本身的化学性质不活泼，但它催化化学反应的能力极强。铂在氢化、脱氢、异构化、环化、脱水、脱卤、氧化、裂解等化学反应中均可作催化剂，因而在石化工业中得到广泛运用。例如用在原油精炼为汽油的过程中；我们熟悉的汽车三元催化器——在这里，通过铂、钯和铑的协助，高效地完成对尾气的净化处理；用铂作氢与氧的催化剂，在室温和常压下就可以让氢与氧化合成水，释放的能量则可转化成电能——一组用铂作催化剂的书桌样大小的燃料电池，就足以给一座大楼供应照明电；用纳米铂黑作催化剂，可以使乙烯氢化反应的温度从 600 ℃降至室温。

铂最常见的用途是制作比黄金更贵重的首饰。另外，铂的惰性也让它有了一个很好的用途——1799 年，法国科学院制造了一根铂棒，并在很长时间内都将其作为米的标准；1879 年，一根铂制的圆柱体（含 10% 的铱）面世，也曾被用作千克

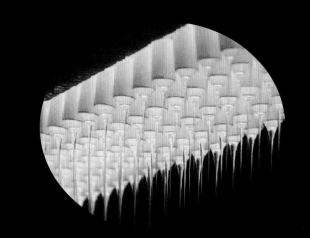

▲ 熔融的玻璃液透过铂铑合金制成的套管上的小孔被挤成细玻璃纤维。之所以选择这种合金，是由于熔融的玻璃能够"浸润"它，就像水能够浸润玻璃，另外还是因为它在高温下非常稳定

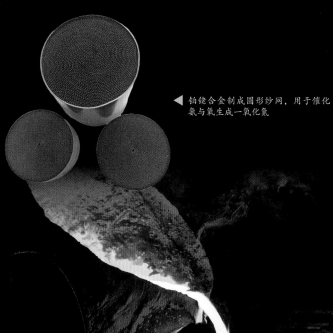

◀ 铂铑合金制成圆形纱网，用于催化氨与氧生成一氧化氮

▼ 铂金饰品

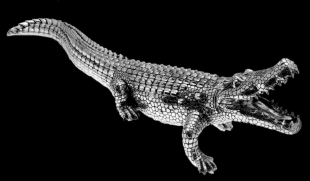

铂铑热电偶用于冶炼钢 ▶
铁时测量钢水温度

的国际标准，如今保存在巴黎的国际度量衡局。

铂具有比其他金属更强的抗强酸和耐高温的特性，某些铂还有奇妙的磷光性。铂在国防工业上用作导弹和喷气发动机燃料喷嘴的保护层；厚度仅有 100 个原子的极薄铂片装在导弹和喷气式飞机的喷气口上，使其不间断地灼热发光，可保障导弹和飞机在严寒的同温层中安全飞行。铂铑合金制造的热电偶，可测量 1 200~1 750 ℃的高温；铂钴合金则用来制作化学反应使用的坩埚、电极、铂网、蒸发皿等。

奇妙的铂在医药中也得到了伟大的运用——某些铂的化合物能够与 DNA 分子的某些部位结合，使之无法进行复制。这一特性使它成为抑制肿瘤生长的药物。自 1969 年罗森伯格第一次报告顺铂也就是顺式二氨基二氯铂的抗肿瘤特性以来，它已被用于对抗多种癌症。如今，铂的第二代和第三代抗癌药物（卡铂和奥沙利铂）都已面世，拯救了无数的患者。

实践证明，铂是一种"多才多艺"的元素，能进行各种魅力十足的反应，已经在许多领域内显现出极大的重要性。毫无疑问，科学家还会探索出铂更多的奥秘。

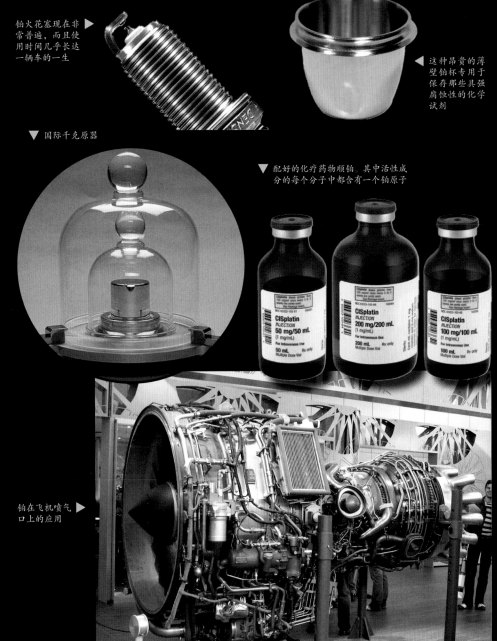

铂火花塞现在非常普遍，而且使用时间几乎长达一辆车的一生

这种昂贵的薄壁铂杯专用于保存那些具强腐蚀性的化学试剂

▼ 国际千克原器

▼ 配好的化疗药物顺铂，其中活性成分的每个分子中都含有一个铂原子

铂在飞机喷气口上的应用

金（Au） 迷人的金属

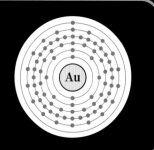

金	gold
原子序数	79
熔点	1 064.43 ℃
沸点	2 996℃
密度	19.31 g/cm³

来自何方令人遐想

金在地壳中的丰度仅为0.001 1 g/t，居第73位，不过却有科学家说，在奥妙无穷的宇宙中的巨蟹座中的K星居然是一颗遍地裸露黄金的星球。据天文学家测定，其上大约有1 000亿t黄金。天啊！这实在令人想入非非，是不是可以乘坐离子火箭去捞一把回来呢？

由于金在自然界中有裸露的大大小小的单质金块存在，而且从不生锈，光芒耀眼，因此在8 000多年前人类就已经知道了它的存在。已知的最古老的人工金制品被发现于保加利亚瓦尔纳湖附近的一座墓穴中，已经有6 000年的历史。在我国四川广汉发现的世界上最早的金杖，也已经有5 000多年的历史；震惊世界的三星堆出土的鸟形金饰片以及薄如蝉翼的完整金面具，展现了3 000多年前中国古人的超凡想象力。人类发现的最重天然金块重达214.3 kg。

自然界中存在的金更多是以小颗粒的形式嵌在岩石中，通常还混有银。如果河流侵蚀了岩石，金子的颗粒就会被冲刷到下游，然后沉积下来。淘金者使用一种圆底的淘金盘收集溪流底部的沙砾与泥沙，然后搅动它们；如果其中有黄金，它就会沉到淘金盘的底部，而密度较轻的物质则会被冲走。尽管淘金者偶尔能够用这样的方式找到相当大的金块，但黄金大多还是通过采矿获得。黄金的主要矿床有碲金矿和针碲金银矿，少量也共生在原铂矿和铁、锡、铜的硫化物矿物中。金与铂和银共生在一起是混合物或天然合金，金与碲共生在一起则是混合物。世界上产金量排在前列的国家有南非、美国、澳大利亚、俄罗斯、加拿大、中国。据世界黄金协会的统计，从文明之初到现在，人类一共开采了大约20万t黄金。

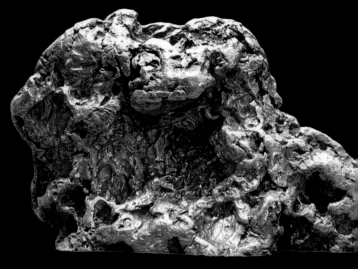

▲ 金矿

▲ 天然的狗头金块

▲ 古埃及法老图坦卡蒙（公元前 1341—前 1323 年）
的死亡面具，由镶嵌着宝石与彩色玻璃的黄金制成

▲ 金沙遗址太阳神鸟金饰，
距今3000多年

▲ 三星堆出土的完整金面具，薄如蝉翼，
宽37.2 cm、高16cm，仅重100 g

▼ 淘金者正在小溪的沉积物中淘金。搅动
水还有沉积物可以将其中的颗粒按照密
度进行分离，其中密度较大的黄金会留
在平盘的底部

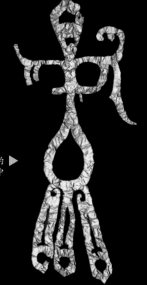

四川广汉三星堆发现的 ▶
鸟形金饰片，展示了中
国古人超凡的想象力

神奇而让人膜拜的金属

金的展性为金属元素之最，延性仅次于铂。既可把 1 g 金抽成 3 000 m 长的金丝，又可把它碾成仅 0.000 1 mm 厚的金箔，不过该金箔的颜色会由金黄色转变成蓝绿色，晶莹透明得像云母片一样，能 98.3% 地反射红外辐射，也能反射紫外线。金的电阻率很小，是热与电的良导体，因为金永不会生锈，其导电性不会因受潮或使用时间长而下降。金的化学性质极不活泼，是唯一既有漂亮颜色，又能永远保持美丽光芒而让人膜拜的贵金属。

▲ 应用于微电子中的 25 μm 金丝

▼ 黄金柱

显贵的历史　活力的青春

由于金特有的珍贵和美丽，在人类历史的长河中，它在金融、艺术以及珠宝界处于核心地位。一些伟大的文物，比如图坦卡蒙木乃伊的面具，至今仍能够保持着几千年前被刚刚制造出来时的美丽，就要归功于金这种既有颜色又能永远保持它的光芒的金属。华丽的黄金饰品时常成为一个人的社会地位和财富的象征。自人类发现黄金以来，黄金存量的大部分都以珠宝首饰的形式存在。人们把一切美好都给予了黄金，甚至用"金子般的心"来形容那些善良而伟大的人。

　　由于黄金的优良特性，

▼ 金条

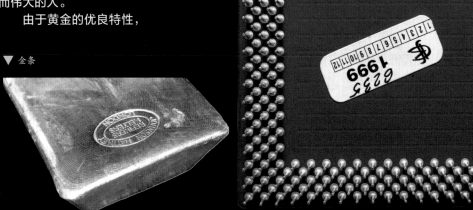

历史上黄金充当着货币的职能，如价值尺度、流通手段、储藏手段、支付手段和世界货币。20世纪70年代以来，黄金与美元脱钩后，黄金的货币职能有所减弱，但仍保持着一定的货币职能。许多国家，包括西方主要国家的国际储备中，黄金仍占有相当重要的地位。

金使我们如此着迷，让我们在现代工业与科学技术上为它找到了神奇的应用。利用金耐腐蚀又不受磁性干扰、具有良好的导电性和导热性的特点，现代核反应堆、电子通信、国防科工、宇航事业中重要的仪器电路板、电触点、插头等都要用到金；利用金箔厚度不同，透过去的光颜色有别的特性，将其应用于红外探测仪和反导弹技术；利用金表面具有良好的自润滑性能，在宇航仪表的滑动和滚动元件上都镀上一层金；由于金对宇宙间的红外线具有极好的散射性和反射性，可以用金制作宇航员的头盔和保暖救生衣的红外线保护层，各种航天仪器仪表、部件上也可通过镀金来有效防止太阳辐射，稳控温度。

▼ 黄金宫殿

常用金属

过渡族元素里的第一排都是常用金属元素，这些元素是人类进化及现代工业发展的基础，是经济建设的保障。人类之所以能从青铜时代发展至铁器时代，再进入钢铁工业时代，均得益于这些地球上最常见的相对廉价的金属元素的贡献。如世界上产量最高的铁及铝，以及锰、铬、铜等，其合金或化合物都是人类生活中应用最为广泛的基础材料。

人类从19世纪末开始进入钢铁冶炼时代。这类金属元素由于发现早、应用多，早已成为钢铁有色工业生产中不可或缺的添加元素，如低碳钢中加入铬和镍得到不锈钢；高碳钢中同时使用铬和钼能明显增加硬度和强度；普通钢中加入少量钒、钛、铌元素可有效提升钢材性能。

作为一种经济有效的防腐手段，在钢板表面涂镀锌或者锡可防止钢板受到腐蚀从而延长钢板的使用寿命。

人类使用铜、铜合金以及铅、锡的历史也很早，青铜中加铅或锡对提高液态合金流动性，改善青铜综合性能发挥了重要作用，造就了人类的青铜时代；而铅的低熔点特性则推动了现代冶炼铸造技术的不断发展。

人类对各类金属材料的研制在持续地发展，目前，钛金属已经是航空航天工业中的宠儿；钒在新能源开发中显现优势；铌电解电容器的制造和应用得到迅速发展……一些早期开发的金属元素在人类不断的努力中也焕发了青春，这些常用金属元素大有作为，未来可期。

▼ 常用金属在元素周期表里的位置

铝（Al） 地壳中含量最多的金属元素

铝	aluminum
原子序数	13
熔点	600 ℃
沸点	2 400 ℃
密度	2.702 g/cm³

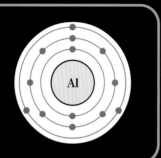

◀ 红宝石：主要成分是氧化铝，红色来源于微量元素铬

曾经比金子还珍贵

铝元素是地壳中含量最丰富的金属元素，占整个地壳总重量的 7.45%，差不多比铁多一倍。

作为目前全球有色金属用量第一的元素，19 世纪前，铝曾因为稀有而被称为"银色的金子"，其珍贵程度当时与黄金相比有过之而无不及。据说，法国皇帝拿破仑三世为了显示自己身份的尊贵，将他皇冠上的银鹰换成了铝鹰；每逢盛大国宴，他自己都要使用铝质餐具，而参与的宾客则只能使用金质或银质餐具。为了表彰俄国化学家门捷列夫在化学领域的杰出贡献，英国皇家学会在那个铝比金子还珍贵的年代，也曾花重金制作过一个比金杯更显贵重的奖杯——铝杯——赠送给他。

但在 1886 年，这个情况被彻底改变了——时仅 23 岁的美国大学生霍尔用电解法成功制取了金属铝（为了纪念霍尔，在他的母校欧柏林大学校园，至今耸立着这位青年大学生的铝铸像）；几乎同时，法国青年大学生埃鲁也成功用电解法制得了铝。由于分居大西洋两岸的霍尔和埃鲁两人使用同样的原料和方法分别发明了制铝新工艺并一直沿用至今，故这个工艺被人们称为"霍尔－埃鲁法"。电解法使铝的生产成本和售价大幅下降，从此昂贵的铝走进寻常百姓家，成为日常使用量仅低于铁的第二大金属元素。

人类的亲密伴"铝"

纯铝是一种银白色轻金属，密度较小，只有铁、铜的约 1 / 3；具有良好的延展性，仅次于金、银；可塑性好、电导率高还耐低温，且可回收性高，再生效率大。在空气中其表面会生成致密的氧化物薄膜，从而使其具有良好的耐蚀性。铝的熔点比较低，只有约 600 ℃。将铝熔化所需要的能耗少，容易在较低的温度下通过压力铸造生产各种形状复杂的铝质器物。

铝土矿是最常见的铝矿石，此外还有长石、高岭土、膨润土、云母等。自然界天然存在的 α 型氧化铝晶体被称作刚玉。刚玉常因含有不同的杂质而呈现不同的颜色。名贵的红宝石、蓝宝石，实则是含有少量铬、钛和铁的天然 α 型氧化铝晶体。

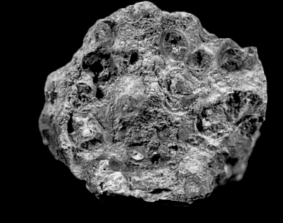

▲ 铝矿：通常以化合态形式存在于各种岩石或矿石里

全球有色金属用量第一

每年世界铝产量的 30% 左右被广泛用于桥梁、场馆、石油化工等耐腐蚀性要求较高的建筑。现今铝合金已成为除了钢材之外用量最广泛的建筑金属材料。

通过添加少量锰、铜、硅、镁等金属元素可以在继续保持铝合金质量轻、耐腐蚀等优良特性的基础上还显著提高铝合金的强度。20 世纪初，杜拉铝的诞生以压倒群芳的优势一举摘取了飞行霸主的桂冠，为崭露头角、初试锋芒的航空工业带来了蓬勃生机。

两次世界大战中，人类生产出来的铝大约有 90% 被用于军事装备制造。据说，第二次世界大战期间，面对严重缺铝境况，斯大林曾经说过"给我 3 万 t 铝，我将赢得这场战争"。

宇宙航天，人造卫星也大量使用铝及铝合金。我国第一颗人造地球卫星"东方红 1 号"的外壳就是铝合金制成的；现时仍在服役的波音"747-400"约含 72 t 高强度铝合金，占了机身结构的大部分；民用客机铝化率高达 70%，军用战机的铝化率也在 40% 左右。铝合金制造还推动了我国高铁发展，目前我国高铁基本上都采用的是铝合金车体。

铝在摩托、汽车、轮船等制造工业上也广为应用，许多国外品牌汽车车身用铝合金量甚至已高达 80%；一艘大型客船的用铝量则达千吨。

铝还被广泛用于电器导体、耐用消费品、催化剂、爆炸混合物、化工和食品加工设备。铝板对光的反射性

▼ 世界上第一座全铝结构的桥于 1946 年在美国的纽约马塞纳附近建成。1950 年加拿大魁北克省阿尔维达建成了一座铝合金上承式拱桥，主跨 88.6 m，桥梁全长 153 m，桥自重约 150 t，较原计划修建的钢拱桥，重量减轻 56%

能很好，常用来制造高质量的反射镜，如太阳灶反射镜。中国"天眼"（FAST）（直径 500 m）球面射电望远镜的射电板就是用铝合金板制造的。铝材的应用天地正在不断得到拓展。目前铝在全球有色金属用量中名列第一。

　　不过，值得大家注意的是：铝元素非人体所需，研究发现铝元素能损害人的脑细胞。世界卫生组织 1989 年正式将铝确定为食品污染物。人类必须重视铝的工业生产污染。

汽车广泛使用铝合金材料 ▶

太阳能反射镜 ▶

▼ 摩托车轻量化离不开铝

客船也是用铝的大型客户 ◀

铝合金高铁车体 ▶

▲ 中国"天眼"

▲ 铝及其合金在军用战机中也广泛使用

采用铝合金结构建造的上海马
戏城，金色穹顶为铝合金结构
及铝合金板材装饰，气势磅礴，
凸显质感 ▶

▼ 重视工业铝生产带来的污染

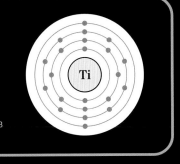

钛	titanium
原子序数	22
熔点	1 668 ℃
沸点	3 260 ℃
密度	4.51 g/cm³

▼ 泰坦　　　　　　　　　▲ 金红石钛矿

撩开钛神秘的面纱

1791 年，英国矿物学家格雷戈尔在英格兰康沃尔山谷的黑色磁铁矿中发现了一种新元素；4 年后，德国科学家克拉普鲁斯从匈牙利生产的金红石矿中分离出了这种新金属的氧化物。克拉普鲁斯相信这种金属一定有它神奇的效用，故以希腊神话中天神乌拉若斯和地母盖娅的儿子——"天地之子"的名字"泰坦"为这种新的金属命名，称其为"titanium"。钛元素在地球金属元素丰度中排名第七位，为 0.56%，比我们常见的铜、铅、锌都多。钛的化学活性极强，特别与氧最为"亲密"，所以自然界中的钛绝大多数都与氧结合在一起，以氧化物的形式存在。

1910 年，美国科学家亨特用比钛还活泼的金属钠还原出了纯钛金属，从而撩开了钛神秘的面纱，让人们看见了它的真容。到了1941年，卢森堡科学家克劳尔发明了用金属镁还原四氧化钛制取海绵钛的方法，使钛金属实现了规模化的生产和应用。钛的性能非常优异，但因为钛的生产工艺复杂、成本较高，故成为一种"用不起"的贵金属。如果有一天，未来的科学家们能像当年铝的制造一样，找出新的工艺方法，使其制造成本大大降低，到那时钛金属一定会成为仅次于钢铁的最有魅力的结构性金属材料。人类期待着"未来金属"大放异彩的一天。

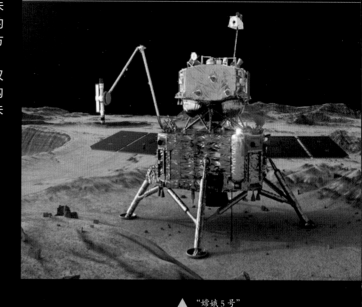

▲ "嫦娥5号"

可上九天揽月，
可下五洋捉鳖

钛的密度仅为铁的57%，但其合金强度与高强度钢相当，因此钛合金的比强度（重量强度比）最高，远超镁合金、铝合金和高强度钢。又因为钛不怕热、不怕冷，其熔点比铁、铝都高，在高温 600 ℃和低温 -200 ℃下仍能保持很好的性能，因而成为最适合航空和航天用的金属材料，越高端的飞机用钛量越大。

钛金属还不怕酸、不怕碱，具有很好的耐腐蚀性，特别是在海水中被称为"不会腐蚀的金属"。若是钛金属不这么昂贵，我们所有的舰船可能都会用钛来制造。

钛合金对人体也最友好，是人体关节、支架牙齿等最好的植入材料。钛镍合金还是一种有智慧的记忆合金。

"天地之子"——钛，因具有如此多的优点而被称为"天空金属""海洋金属"和"智慧金属"，广泛用于航空、航天、海洋、化工、军工等领域。随着科学技术的不断进步，采用 3D 打印等新技术制造的钛合金零部件，因良好的生物相容性、性能优异、尺寸精确，在我们生活中逐渐显现身影。未来，钛在生物医用材料、精密仪器方面的应用更是大有可期。

"蛟龙号"深潜器 ▶

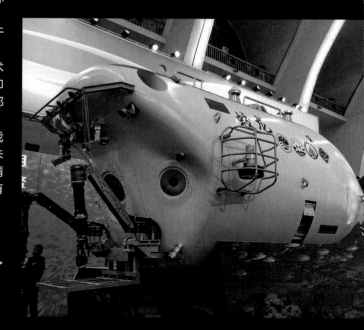

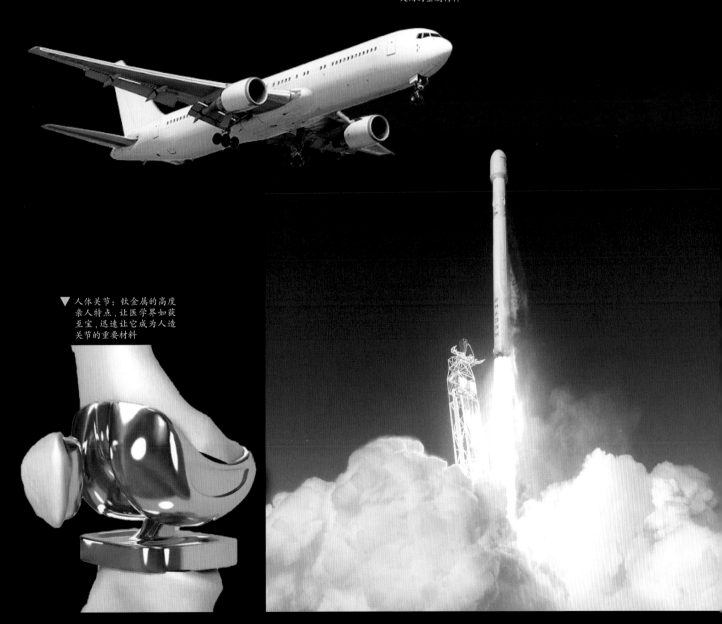

▼ 钛合金是最适合航空和航天用的金属材料

▼ 人体关节：钛金属的高度亲人特点，让医学界如获至宝，迅速让它成为人造关节的重要材料

白色颜料之王

钛的氧化物也是人类的好伙伴。纯净的二氧化钛是世界上最洁白的粉末，俗称"钛白粉"，它具有无与伦比的白度、消色力和耐候性，被誉为"白色颜料之王"。我们身边飞驰的白色跑车，家中白色的冰箱和白色瓷器，身上穿的白色衬衣，还有我们吃的白色巧克力、药片和化妆品，到处都能看到二氧化钛洁白亮丽的身影。钛白美化我们的生活，扮靓我们的世界，真可谓是"钛"神奇。

◀ 扮靓我们生活的涂料

◀ 钛白彰显跑车的纯洁与高贵

▼ 中国国家大剧院的钛屋顶

钒（V） 美丽女神凡娜迪丝

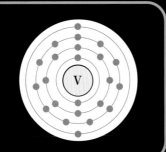

钒	vanadium
原子序数	23
熔点	1 890 ℃
沸点	3 380 ℃
密度	6.11 g/cm³

▼ 北欧神话中美丽女神凡娜迪丝雕像

发现过程犹如一场马拉松

钒的发现过程曲折又浪漫：经历长达 30 年的"长跑"，最终瑞典化学家塞夫斯特伦与美丽女神——钒成功牵手。

　　早在 1801 年，墨西哥化学家里奥就从亚钒酸盐样本中发现了钒的存在，并把这个样本送到巴黎鉴定。但遗憾的是，法国化学家推断它是一种铬矿石，从而使里奥与美丽女神擦肩而过。

　　随后德国化学家沃勒在研究一种钒矿石的过程中本也有望发现钒，可惜他没有坚持下去，最终将机会让给了瑞典化学家塞夫斯特伦。1831 年，塞夫斯特伦通过锲而不舍的努力，在研究斯马兰矿区的铁矿时，用酸溶解铸铁，在残渣中发现了一种新的元素；因为这种新元素的每一种氧化态改变所带来的突变颜色都十分漂亮，所以塞夫斯特伦就用北欧神话中美丽女神凡娜迪丝

（Vanadis）的名字来将其命名为"vanadium"，中文按其译音将其定名为"钒"。

钒的发现过程曲折而漫长，其分离并制备单质的过程也实属不易。经过多年的磨难，直到1869年英国化学家罗斯科用氢气还原二氧化钒，人类才第一次制得了纯金属钒。

此后，钒的美丽面纱被逐渐解开。它具有延展性、无磁性，耐盐酸和硫酸腐蚀，可溶于氢氟酸、硝酸和王水，在空气中不被氧化，但高温下容易与碳、氮结合形成高硬度碳氮化钒。

人类在逐渐了解钒的过程中也不断地将它应用到日常生产生活中。1882年，英国列·克鲁佐特钢铁公司用含钒1.1%的炼钢炉渣制得钒的磷酸盐，用作生产苯胺黑的染料。19世纪末20世纪初，俄罗斯开始利用碳还原法还原铁和钒氧化物，首次制备出了含钒35%的

钒铁合金，随后又进行了铝热法制取钒铁的试验。1927年，美国马尔登和赖奇用金属钙还原五氧化二钒（V_2O_5），第一次制得了含钒99.3% ~ 99.8%的可锻性金属钒。

钒的分布广但非常分散，约占地壳构成的0.02%。世界上生产钒的矿石主要以钒钛磁铁矿为主，此外还有钒铀矿、铝土矿、磷岩矿、钒铅矿、石煤、石油等。

▼ 金属钒

▲ 钒铅矿

世界知名的攀西地区钒钛磁铁矿 ▶

钒是钢铁生产中的点睛之笔

▼ 氧化钒智能玻璃

钒 是"节能环保型"元素，被称为"现代工业的味精"。钒在钢铁工业中的消耗量占其总消耗量的 85% 以上，主要以钒铁、钒氮合金及氮化钒铁的形式被添加到钢中，以提高钢的强度、韧性以及耐磨性。钒被广泛应用于机械、汽车、造船、铁路、航空、建筑、电子技术、国防工业等行业。尤其值得一提的是，攀枝花钢铁公司开发生产的具有世界领先水平的含钒钢轨，为青藏铁路在 4 000 m 以上冻土地带使用钢轨提供了质量保证，在很多国家的铁路铺设中得到了广泛应用。

▼ 鸟巢——国家体育场

多面性的钒氧化物

各 价态钒离子颜色丰富多彩，是化学工业中的最佳催化剂之一，常用于生产硫酸的催化、脱硝催化剂，有着"化学面包"之称；使用过的废催化剂还可再生并可提取其中的钒。

含钒颜料如钒酸铋是一种绿色环保的油漆，现已代替镉黄成为优良的黄色颜料。

二氧化钒相变前后结构的变化会让红外光具有由透射向反射可逆转变的特性；氧化钒智能玻璃正是利用这一特性被广泛应用于制备智能控温薄膜领域，包括在智能玻璃、纳米机器、激光防护等领域的应用。

钒电池是大容量储能领域的"未来之星"

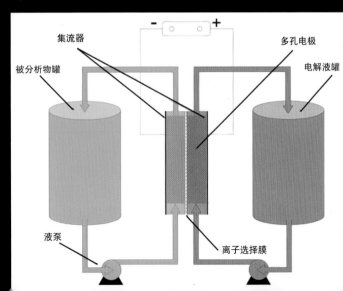

集流器　多孔电极

被分析物罐　电解液罐

液泵　离子选择膜

随 着经济的发展，大规模利用可再生能源已经成为世界各国能源安全和可持续发展的重要战略，但风能、太阳能发电不连续、不稳定，须有相应的储能技术配套。与其他众多储能技术相比，钒电池储能技术具有功率无限扩大、寿命长、安全性高、响应速度快、可瞬间充电、可回收、清洁环保等突出优势，已成为世界公认的大容量储能主流技术之一，具有

极大的竞争优势。

钒是具有战略意义的稀有金属，钒具有高熔点、易加工、耐腐蚀性强、快中子吸收截面小等特点，还可用于原子能工业、超导合金材料，是"人造太阳"的包壳材料的潜在选择材料之一。

在生物方面，钒被认为可能有助于防止胆固醇蓄积、降低过高的血糖、防止龋齿、制造红细胞等。

铬（Cr） 闪亮而坚硬的金属

铬	chromium
原子序数	24
熔点	1 857 ℃
沸点	2 672 ℃
密度	7.18 g/cm³

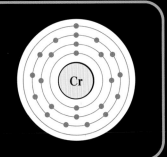

铬带你上天入海

铬是脆性金属，不能单独作为金属材料使用，但与铁、镍、钴、钛、铝、铜等组成合金后，则可成为具有耐热性、耐磨性及特殊性能的工程材料。金属铬用作生产各种以镍或钴为基的高温合金、钛合金、铝基合金、电阻合金等，这些材料被广泛用于航空、宇航、核反应堆、汽车、造船、化工、军工等行业。

◀ 金属铬

▼ 各类含铬的合金在航空发动机中应用

▼ 铬铅矿

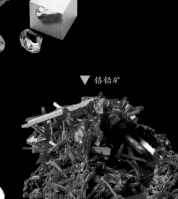

彩色世界里的铬元素

1797年，法国化学家沃克兰从当时一种被称为"红色西伯利亚矿石"的矿石中发现了铬。而早在 1766 年，俄罗斯圣彼得堡德籍化学教授列曼就曾经研究过它并判断其含有铅。1798 年，德国化学家克拉普罗特也从铬铅矿中制得了铬。铬元素几乎可以展现从 +1 价到 +6 价的所有价态，各种价态颜色不同，其化合物美丽多色，如硫酸铬是绿色的，铬酸镁是黄色的，于是人们根据希腊文"chroma"（颜色）将其命名为"chromium"。

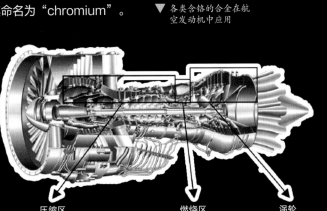

压缩区　　燃烧区　　涡轮

不锈钢的主要元素

含铬合金被运用到航空航天领域 ▶

人们熟悉的不锈钢由于具有较好的强度、较高的耐磨性、优越的防腐性能及不易生锈等优良的特性，被广泛应用于工业、家具装饰、日常生活和医疗等多个行业。其中广为人们熟知的是含铬18%的通用型"304"不锈钢和不锈钢中使用量居第二的"316"不锈钢。

不锈钢的发明和使用要追溯到第一次世界大战时期——当时英国政府决定研制一种耐磨、耐高温的武器钢材，以改进枪膛腐蚀严重、极易磨损的现状。冶金专家亨利·布雷尔利经历过无数次失败后，意外在废钢堆里发现了一块锃光瓦亮的钢材，分析其成分含有17%的铬。此后，从垃圾堆中偶然发现的不锈钢便风靡全球，亨利·布雷尔利也被誉为"不锈钢之父"。

▲ 不锈钢生活用具

◀ 核反应堆大量使用钢

人体的重要伙伴

铬是人体必需的微量元素，在肌体糖代谢和脂代谢中发挥着特殊作用。人体对无机铬的吸收利用率极低，不到1%；人体对有机铬的利用率可达10%～25%。铬在天然食品中的含量较低，均以 +3 价形式存在。

铬的毒性与其存在的价态有关，金属铬对人体几乎不产生有害作用。+3 价的铬是对人体有益的元素，而 +6 价的铬对人体则是有毒的。+6 价的铬易被人体吸收且在体内蓄积。

▼ 大型化工装置也广泛使用含铬合金钢

锰（Mn） 古怪又有趣的金属

锰	manganese
原子序数	25
熔点	1 244 ℃
沸点	1 962 ℃
密度	7.44g/cm³

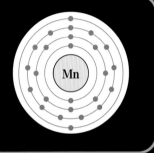

▲ 石器时代壁画

锰的发现

锰在地壳中分布广泛，在地壳金属元素丰度中排名第12位，平均丰都0.1%。早在17 000年前，旧石器时代晚期的人们就开始使用一种黑色松软的矿物软锰矿在洞穴壁上作画。考古学者在古希腊斯巴达人使用的武器中发现了锰，古埃及人和古罗马人也曾使用锰矿给玻璃脱色或染色。

18世纪70年代以前，化学家们受限于技术的落后，主观认为软锰矿是含锡、锌和钴等的矿物。18世纪70年代，瑞典化学家柏格曼推测软锰矿是含新金属的化合物，他努力地想分离出这种金属，以证明他的判断，但终未成功。同时期，瑞典化学家舍勒在斯德哥尔摩科学院发表了题为"'假化石'元素的性质"的论文，正式提出"假化石"中含有一种新金属元素的观点。

为了早日弄清"假化石"

▲ 金属锰片

的奥秘，舍勒寄给加恩一些纯净的"假化石"，还附信"我焦急地等待着你用'魔火'加热'假化石'后得到的结果，并请尽快送给我一小块这种金属"。一个多月后，舍勒如愿收到了加恩寄回的用"魔火"提炼出来的金属。舍勒经过研究后认为：这种银灰色的金属像铁，比铁要软，熔点比铁低，表面易生锈，灰蒙蒙的没有光泽，加恩对此表示赞同。后来，经过仔细思考，舍勒决定用拉丁语"managnese"为其命名，中文称作"锰"，元素符号"Mn"。他还提出，"假化石"应该叫软锰矿，其主要成分是二氧化锰。经过科学家的不懈努力，锰终于现形于世！

▲ 锰矿石

▼ "假化石"的主要成分
为二氧化锰

摸清锰的古怪脾气

全世界每年生产的锰有90%用于钢铁所属产业，10%用于有色冶金、化工、电子、电池、农业等相关行业。高炉冶炼铁时，添加适量的锰能够改善冶炼的操作性和加工性，还能改善生铁的性能。炼钢时，锰的主要作用是脱氧、脱硫，也可作为合金元素。

锰在钢铁工业中主要用来制造合金钢。锰钢的脾气十分古怪而有趣——含有2.5%～3.5%锰的钢被称为低锰钢，质地很脆一敲就碎；不过在1883年英国人哈德菲尔德研制出含13%锰的高锰钢后，一个奇特的现象出现了：这种钢的布氏硬度只有HB200，但当它受到外力强烈打击时，就会出现加工硬化现象，硬度会提升到HB500~HB800，打击力越大，抵抗力越强。由于独特的加工硬化特性，高锰钢被广泛用于制造钢磨、滚珠轴承、推土机与掘土机的铲斗、破碎机的衬板、坦克的外壳和履带、桥梁和轴承等在极其恶劣的工作环境中对耐磨性要求极高的构件，为人类做出了重要贡献。

1973年，人们采用锰钢作为网架屋顶的结构材料建成上海体育馆。如今，上海文化广场观众厅的屋顶，采用新颖的网架结构，用几千根锰钢钢管焊接而成。在纵76 m、横138 m的扇形大厅里，中间没有一根柱子。

炼制锰钢时，把含锰达60%~70%的软锡矿和铁矿一起混合冶炼，可以得到达到军事要求的高锰钢。军用高锰钢可制造钢盔、坦克钢甲、穿甲弹弹头等。

▼ 高锰钢用于坦克

锰的其他应用

锰的用途非常广泛，几乎涉及人类生产生活的方方面面。锰在有色冶金工业中主要有两种用途：一是在铜、锌、镉、铀等有色金属的湿法冶炼过程中加入二氧化锰或高锰酸钾作氧化剂，使溶于酸溶液中的 +2 价铁氧化成 +3 价，使铁沉淀而除去。另一个是与铜、铝、镁生成许多有工业价值的合金，如黄铜、青铜、白铜、铝锰合金、镁锰合金等，锰可以提高这些合金的强度、耐磨性和耐腐蚀性。如在镁中加入 1.3%~1.5% 的锰制成的合金具有更好的耐蚀和耐温性能，被广泛应用在航空工业中。锌－锰电池因其使用方便、价格低廉，至今仍是电池中使用最广，产值、产量最大的一种电池。

▼ 挖掘机多种部件都用的高锰钢

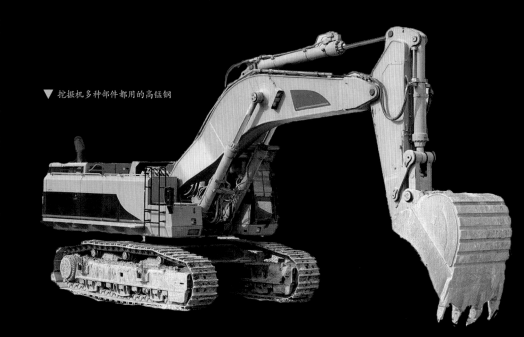

锰是生命守护者

锰是植物正常生长不可缺少的微量元素之一，它参与光合作用和氮元素的转化，参与许多酶的活动和氧化还原过程，能促进叶绿素的合成和碳水化合物的运转。当土壤中缺锰时，农作物就会变枯黄，生长不良，进而影响产量，所以锰常被用作肥料添加物服务于农业生产。除了用于肥料之外，锰在农业上还被用作杀菌剂和饲料添加剂等。

医学领域，含锰化合物主要是用作消毒剂、制药氧化剂、催化剂等。如高锰酸钾是医药上最常用的消毒剂之一。二氧化锰在镇静剂芬那露的生产过程中被用作中间氧化剂；在生产解热镇痛剂非那西丁时则被用作催化剂。

锰也是所有动物所必需的元素。它在人体中参与许多酶的合成与激活，参与人体糖、脂肪代谢，加快蛋白质、维生素 C、维生素 B 的合成，能催化造血机能，调节内分泌，提高免疫功能。有研究表明：作为人体必需的微量元素，锰离子（Mn^{2+}）在抗肿瘤免疫中发挥着至关重要的作用，为肿瘤免疫治疗开创了新的思路和治疗方案。

▲ 锰结核——人类愈加重视对海底锰矿球的开采利用

◀ 高锰酸钾溶液

▼ 锰在农业生产中也有应用

重视海底锰结核的开发利用

随着人类对金属资源的开采及争夺愈演愈烈，大量深藏海底的锰结核（锰矿球）的开发利用也在海洋深处悄悄进行。大洋海底的锰结核，经过了数十亿年的海洋沉积，锰金属总量是陆地的几千倍之多。锰结核除了含锰外，还含有铁、镍、铜、钴、钛等 20 多种金属元素，且含量都很高。目前，全世界有 100 多家从事锰结核勘探开发的公司；中国"蛟龙号"载人潜水器也曾从 5 000 m 深的海底带回锰结核样本，这标志着中国在开发海底锰结核矿源的道路上迈出了重要一步。

铁（Fe） 划时代的金属

铁	iron
原子序数	26
熔点	1 535 ℃
沸点	2 750 ℃
密度	7.86 g/cm³

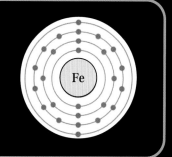

今天的人类生活中如果没有钢铁是很难想象的事，在很多看得见和看不见的地方，都有钢铁在为我们服务。钢铁成就了高楼大厦，成就了飞机汽车、舰船高铁。铁元素还在我们的血液中承担运输和存储氧的重任。铁就像水和空气一样与人类生活息息相关、密不可分，成为人类生活中最为重要的金属。

铁的烙印——铁器时代

铁是人类最早使用的金属之一。1836 年，丹麦考古学家提出了石器时代、青铜器时代与铁器时代的三个时代划分，得到业界的广泛认同。铁器时代是最后也是最重要的阶段，它以人类冶铁和制造铁器为标志。

人类最早在陨石里发现了铁——其中含铁 90%，是铁和镍、钴的混合物。考古学家在古坟墓中发现了陨铁制成的小斧；古埃及 4 000 年前的第五王朝至第六王朝的金字塔所藏的宗教经文中则记载了当时太阳神等重要

◀ 磁铁矿

神像的宝座是用铁制成的。铁在当时被认为是神秘的、最珍贵的金属，埃及人把铁叫作"天石"。

纯铁在地壳中很难见到，但含铁矿物相当丰富，在地壳中的藏量约为 4.2%，主要是铁的氧化物。铁在金属元素排位中居第二位，仅次于铝。公元前 3500 年左右，人类开始使用天然陨铁制作兵器。

经过 1 000 多年的努力，人们发现了铁矿石，并逐渐开始通过冶炼提炼纯铁，从而过渡到冶炼时代。后来，人们用铁发展经济，创造出许多璀璨的古代和近代文明。

▼ 太阳神的定座

▼ 赤铁矿：自然界分布极广的铁矿物，是重要的炼铁原料，也可用作红色颜料

工业文明的脊梁

含铁矿物通过碳加热和还原获得的生铁是一种铁碳化合物，当生铁经过处理把碳含量降低到 2.11% 以后就被称为钢。钢不仅具有良好的强度等力学性能，同时具有作为基础材料的优良综合性能，如优良的焊接性、弯曲性、耐腐蚀性等。此外，钢铁材料均可回收利用，对环保和可持续发展尤其重要。目前，尽管诸如塑料、橡胶、铝及其他合金等材料都在不断发展，但是迄今为止，钢铁仍然是现代工业最主要的结构材料。毫不夸张地说，钢铁是工业文明的脊梁。

钢可分为碳素钢与合金钢。随着时代的发展，碳素钢的性能已不能全面满足人们的需要，为了获得更加满

▼ 航空母舰

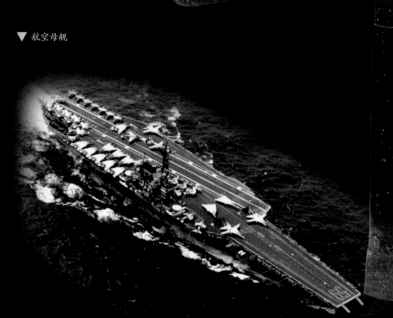

足人们需求的钢，人们在钢铁冶炼中特意加入钒、铌、钛、锰、铬、镍、钼、钨、稀土、硅等合金元素，制出不同种类的合金钢。这有效提升了钢的组织和性能，开拓了钢材的应用范围，促进了科技发展。

人们根据添加元素的不同，采取相应的加工工艺，可获得高强度、高韧性、耐磨、耐腐蚀、耐低温、耐高温等特殊性能的钢材，并已将其广泛应用于装备制造、铁路车辆、桥梁、海洋工程、航空航天等领域。可以说，没有钢铁，中国就没有 3.8 万千米的高速铁路、16 万千米的高速公路，就没有 240 多个民航机场，更不可能每年生产 2 500 万辆汽车。

埃菲尔铁塔，位于法国巴黎市塞纳河南岸的战神广场，于 1889 年建成，得名于设计它的著名建筑师、结构工程师古斯塔夫·埃菲尔，是世界著名建筑、法国文化象征之一，被法国人爱称为"铁娘子" ▶

▼ 钢铁桥梁

钢铁材料组成了水电站发电机组 ▶
的核心

◀ 成都环球中心穹顶

◀ 钢铁材料成就了繁华的现代都市

血液中的核心元素

铁是血红蛋白的重要组成成分，铁在血红蛋白中可与氧结合，使血红蛋白成为运输氧的载体，将氧运输到人体的各个部分，供身体吸收，以提供能量和营养。人体内的肌红蛋白存在于肌肉之中，含有亚铁血红素，也结合着氧，是肌肉中的"氧库"。当人运动时，肌红蛋白中的氧释放出来，可供应肌肉活动所需的氧。心、肝、肾这些人体器官中的具有高度生理活动能力和生化功能的细胞线粒体内，储存的铁特别多，线粒体是细胞的"能量工厂"，铁直接参与能量的释放。

铁还可以促进人体发育，增强人体对疾病的抵抗力。但是，铁虽然是人体必需的微量元素，并且也不具有毒性，可当摄入过量或误服过量的铁制剂时也可能导致铁中毒，因此，人们既要从食物中摄取人体所需的大部分铁，但也必须小心控制着体内的铁含量。

▼ 含铁食物

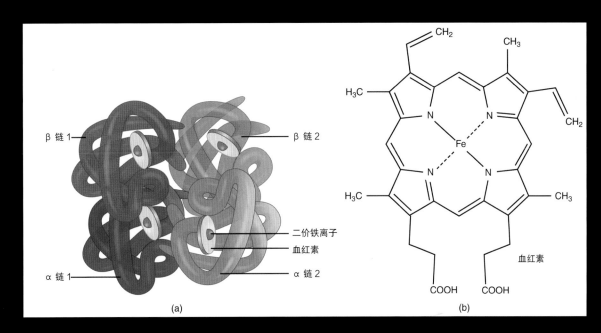

◄ 血红蛋白及其结构

(a)

(b)

β 链 1　　　β 链 2

二价铁离子
血红素

α 链 1　　　α 链 2

CH₂

CH₃

H₃C

CH₂

Fe

N　N

N　N

H₃C

CH₃

血红素

COOH　COOH

钴（Co） 被"妖魔"化的金属

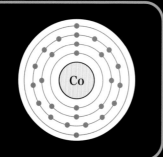

钴	cobalt
原子序数	27
熔点	1 495 ℃
沸点	2 870 ℃
密度	8.98 g/cm³

矿物里的"妖魔"

1733 年的夏天，德国萨克森州一座矿山的矿主遇到了麻烦事——矿工们在矿井里发现一种发着幽蓝光亮的石头，石头里好像有妖魔，会让工人染上怪病，有多名工友都病倒了，大家感到非常紧张。"石头里会有妖魔？"矿主虽然不相信，但也只好停工。为了弄清楚真相，他给自己的朋友、德国矿物学家兼医生阿格里科拉寄了几块矿石，希望阿格里科拉帮他找出原因。

阿格里科拉的化学类著述不少，其中《论矿冶》一书就可见证他的丰富经验。阿格里科拉教授反复研究矿主寄来的矿石，并用提纯等实验方法分析，但始终也没查出原因，他只得把这件事写进论文里，供后世科学家参考。为了方便记录，他沿用矿工们的叫法，把这种矿石称为"kobald"，此单词来源于日耳曼神话，英文"koblin"（妖魔）即由它衍生而来。科学的落后，让"妖魔"蒙蔽了人们的双眼。

1753 年，瑞典化学家格·布朗特偶然读到这篇关于"妖魔"矿石的论文，他决心要研究这种矿石。布朗特选择高温煅烧的方式，持续对矿石进行加热。当加热到 500 ℃时，矿石中分离出一种具有光泽的灰色物质。

"这是什么东西？难道是新元素？"布朗特继续对这种灰色物质进行观察研究，发现它在常温下不与水反应，在潮湿的空气中也不会被氧化。它很硬也很脆，当加热到约 1 200 ℃时，其原有的磁性奇迹般消失了。布朗特查阅了当时所有的物理和化学书籍，也没查到这种物质是什么。他断定这是一种未知元素的单质，但不确定它是不是金属元素。因为按照当时的科学通识，金属在潮湿的空气里都会被氧化。

发现新元素可是件大事。布朗特决定先为新元素取名。经过慎重思考，他沿用阿格里科拉最早的叫法，把这种人见人怕的元素称为"cobalt"，元素符号为"Co"。若干年后西学东渐，清朝末年的科学家将"Co"译为"钴"并沿用至今。

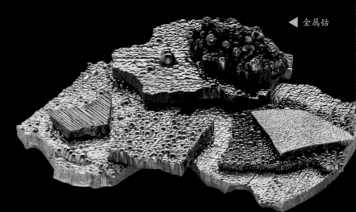

◀ 金属钴

被误会的"妖魔"

钴是 不 是 金 属？1780年，瑞典化学家伯格曼用实验方法制得纯钴，并确定钴是一种金属元素。他进一步研究发现，这种被称为"妖魔"的矿石，实际是钴的化合物——辉钴矿，此矿石含有钴、硫、砷元素。钴对人体并没有显著伤害，但含钴 30% 左右的辉钴矿加热后生成的硫或砷的化合物却有剧毒。

现在人们都知道了原来"妖魔"是硫、砷的化合物。不过，钴也不算受了冤枉，它的身后确实藏着另一个"妖魔"，那就是钴金属的强放射性同位素 ^{60}Co。自然界中的钴金属是 ^{59}Co，并没有放射性，但当其被中子冲击变成 ^{60}Co 后，其中隐藏的"妖魔"就会被释放出来。

虽然钴元素发现才 200 多年时间，但早在 2 000 年之前，古罗马和古希腊人就开始用辉钴矿来制作深蓝色的玻璃——它很漂亮，以至于无法找到辉钴矿之外的代替品来制作。中国古代蓝色的陶瓷也多用钴来制作，被称为"钴蓝"，唐三彩中，钴制作的蓝色陶瓷非常名贵，有"三彩挂蓝，价值连城"的说法。中华陶瓷工艺珍品青花瓷里的青料来自钴，中国著名的景泰蓝中所用的蓝色釉料也是从含钴的矿物中提取的。

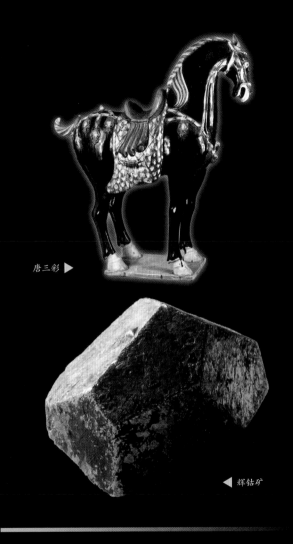

◀ 唐三彩

◀ 辉钴矿

◀ 古罗马双耳蓝色玻璃杯，公元 1—2 世纪

本领不可低估

钴的物理、化学性质决定了它是生产耐热合金、硬质合金、防腐合金、磁性合金和各种钴盐的重要原料。

钴基合金或含钴合金钢已用作燃气轮机的叶片、叶轮、导管，并已用于喷气发动机、火箭发动机、导弹的部件和化工设备中各种高负荷的耐热部件以及原子能工业的重要金属部件。

将钴用于粉末冶金中的黏结剂，它能提高硬质合金的韧性。含钴的刀具钢有很好的耐磨性和切削性能。含钴 50% 以上的司太立特硬质合金在 1 000 ℃时也不会失去原有的硬度。

1980 年，美国化学家约翰·古迪纳夫发明了钴酸锂三元电池。此电池储能密度高，有效解决了原有电池储量小、性能不稳定等缺点。钴酸锂电池的发明，被称为"开启了整整一个时代"。今天，电动汽车、笔记本电脑、智能手机等都离不开钴酸锂电池。

维生素 B_{12} 是一种常见的维生素，具有治疗贫血、营养神经、改善不良精神症状等作用。钴是维生素 B_{12} 的组成部分，反刍动物可以将肠道内的钴合成为维生素 B_{12}，而人类不能在体内将钴合成 B_{12}，只有靠外部摄入。

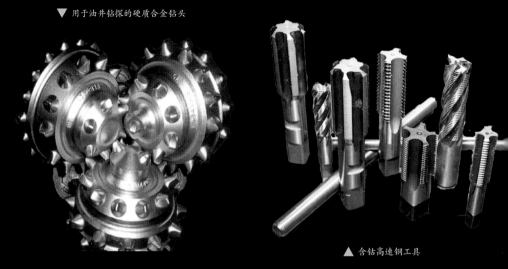

▼ 用于油井钻探的硬质合金钻头

▲ 含钴高速钢工具

电动汽车要上天了 ▶

156

镍（Ni） 不锈的金属

镍	nickel
原子序数	28
熔点	1 455 ℃
沸点	2 732 ℃
密度	8.90 g/cm³

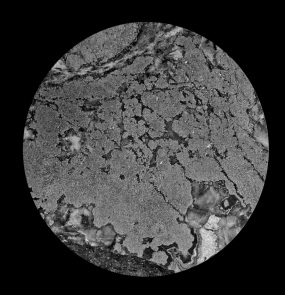

▲ 红砷镍矿

天上飞来的镍

古代中国、古埃及和古巴比伦时期，工匠们就曾用天上飞落的陨铁制作器物。有的陨铁制作的器物不易生锈，始终闪闪发光，人们便认为这是一块好铁，但他们并不知道这是这块陨铁中不锈的镍元素在起作用。

直到 1751 年，瑞典科学家克朗斯塔特在研究红砷镍矿时发现了这种新的金属，并于 1754 年宣布将其命名为"nickel"（镍）；但当时人们还是未能见到镍的真容，直到十年后纯净的镍金属才被制取出来。

镍是一种银白色的金属，比铁重，具有良好的机械强度延展性和磁性，耐腐蚀。镍元素在地壳中的含量比常见的铜、铅、锌还要多，为 0.018%，其中 60% 是以红土镍矿的形式存在。

镍金属 ▶

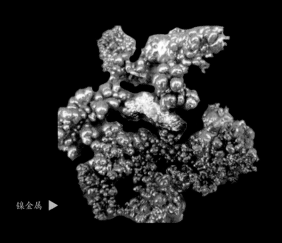

曾经随处可见的镍币

因为镍的抗腐蚀性能优良，很多国家都用镍制造硬币，镍币广为流传。而最早把镍用于制币的始于我国云南，早在晋朝的时候云南就生产白铜，白铜被波斯人称为"中国石"，欧洲人称其为"中国银"，它其实就是镍铜锌合金，看上去像银一样始终光亮如新。

▲ 民国时期的镍币

人类生活的重要伙伴

镍是人体必需的生物元素，镍缺乏可引起糖尿病、贫血、肝硬化等病症。当然，镍也是常见的致敏性金属，有20％的人对镍过敏，如有的人长时间佩戴不锈钢表或耳环会出现过敏现象就是因为其中含有镍离子造成的。同时，人体内摄入过多的镍也会引起中毒；吸烟引起肺癌的一个重要原因就是烟中一氧化碳和镍结合形成了羟基镍所致。日常使用不锈钢制品长时间盛放强酸性和强碱性食品也会导致镍析出，可能会危害我们的健康。

镍由于良好的特性，因此被加入钢中制作不锈钢、合金钢、镍基合金，以及被

▼ 生活中到处闪现不锈钢的身影

用于电镀、电池、催化剂和颜料等行业。生活中最常见的"304"不锈钢，含铬18%、含镍8%以上；另外一种常见的"316"不锈钢，则是将镍含量增加到12%，同时添加了少量的钼元素，以提高不锈钢的耐腐蚀性，"316"不锈钢主要用于抗腐蚀性要求更高的工业和医疗领域中。今天，我们到处都能看到的不锈钢制品、镍氢电池及现代高效含镍的锂电池中都有镍在为人类努力地工作。发达国家的工业中使用不锈钢的比例已达到15%~20%。

劣质的不锈钢除了冶金质量差、杂质多以及重金属超标以外，主要就是为了压低成本而减少昂贵的铬和镍的加入，这些都会影响我们的身体健康。因此，当我们购买和使用不锈钢制品时还是要多加小心。

吸烟易导致肺癌——因为烟中一氧化碳和镍结合成了羟基镍 ▶

◀ 不锈钢用于血管支架

▼ 无处不在的不锈钢制品

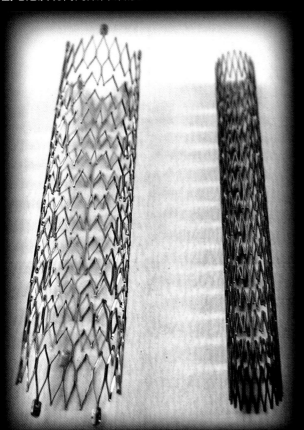

世界最大白鹤滩水电站所用百万千瓦级不锈钢转轮，直径 8.62 m，由 15 块叶片焊接组成，单个叶片重达 11 t，总重 350 t

▼ 不锈钢高尔夫球杆

▼ 耐腐蚀的不锈钢在船舰中大量使用

160

铜（Cu） 记录一个时代的金属

铜	copper
原子序数	29
熔点	1 083.4 ℃
沸点	2 567 ℃
密度	8.92 g/cm³

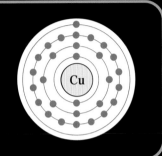

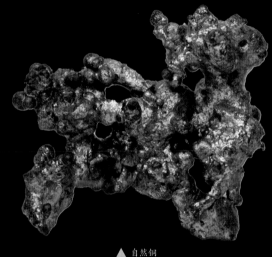

▲ 自然铜

人类文明进步的重要标志

铜是人类最早发现并使用的金属之一。自然界中偶然可见天然的泛着金光的软铜，铜在地壳中的丰度约为0.1%。古人就像我们今天在海滩拾贝一样，把自然铜块带回家打造成想要的东西，因此铜成为人类可直接使用的少数几种天然金属之一。古人用石头锤打的方法把铜加工成各种物件，于是铜器挤进了石器的行列，并逐渐取代了石器，最后终结了人类历史上的新石器时代，开启了属于铜的时代。

铜在最古老的人类文明中都有发现——中东地区铜的使用历史可追溯到公元前9000年前，伊拉克北部发现的一个铜坠饰，据推测距今达万年之久。人类开始使用火以后，意外发现含铜矿石经过火烧后流出了铜，由此开启了人类早期的冶铜时代。

▲ 我国商代或更早就开始用黄铜矿等
铜矿物冶炼铜

参与见证人类文明的发展

纯净的铜比较软，实用性不强。后来人们把含锡的石头和铜放在一起冶炼得到了铜锡合金——青铜，其硬度和强度比纯铜都有大大提升，实用性也得到极大增强。青铜可以制成各种生活用具、礼器兵器，后来又出现了铝青铜、磷青铜等，用途更加广泛，不仅有兵器、农具、车马器，还有酒器、食器、乐器、货币，等等，从而掀开了辉煌的"青铜时代"的大幕，让铜成为一个时代的主角，成为一个时代的金属。

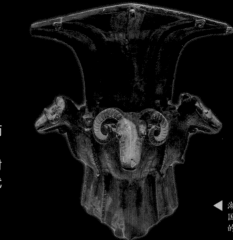

◀ 湖南出土的四羊方尊是我国商代青铜器制作高水平的代表作品

国宝"何尊"。"中国"这个名词，最早出自西周早期这件青铜酒器内底的"宅兹中国"。该器内底铸铭文 12 行 122 字，记成王继承武王遗志，营建并迁宅东都洛邑后对宗室小子的训诰，并提及文王受天命、武王克商等事。其中"宅兹中国"为"中国"一词最早的文字记载 ▶

▼ 孔子铜像，整座铜像高 72 m，内里安装了可供游览的电梯

162

四川广汉三星堆的
青铜立人也是一个
传奇 ▶

◀ 天下第一剑——战国
时期的越王勾践剑是
古代兵器的代表之作

▲ 俄罗斯克里姆林宫里 216 t 的沙皇大铜钟

铜对人类文明产生了重大影响

铜具有很高的导热性、导电性和耐腐蚀性。铜与锡、铝、磷等元素可以配制成各种青铜，而加入锌等元素，则可制成不同用途的黄铜，使其应用更加广泛。铜合金机械性能优异，电阻率很低。人们日常生活中使用的电源插座就是用磷青铜制作的，因为它耐磨且弹性好，而比赛用的奖牌则是用黄铜做的，因为它黄灿灿的更好看。

铜是一种传统而又现代的重要金属材料，在人

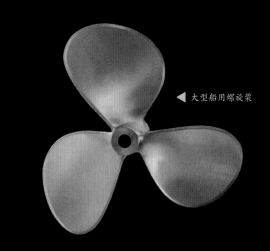

◀ 大型船用螺旋桨

▼ 游泳池水的蓝颜色来自铜离子

类使用的所有材料中，铜对人类文明历史的重大影响是任何其他材料所无法比拟的。18世纪末，铜的优异导电性能催生了工业革命，为现代文明奠定了基础。铜被广泛应用于仪表、罗盘、航空、航天、雷达、船用螺旋桨、轴瓦、轴套、海洋工业、舰船、人类饮水管道、家用电器、各种货币和工艺美术品、形状记忆合金、超弹性和减震性合金等中，同时还被用来制造各种高强、高韧、高导电、高耐腐蚀材料。现代生活中铜无处不在。

铜盐大部分都是蓝色的，游泳池里蓝颜色的水就来自于铜离子。

铜还是人体必需的微量矿物质，对于血液、中枢神经、免疫系统、头发、皮肤和骨骼组织及内脏等都有重要影响。铜在人体摄入后15分钟即可进入血液中，同时存在于红细胞内外，可帮助铁质传递蛋白，在血红素形成过程中扮演着催化剂的重要角色。猪肝的含铜量居所有食物的首位，芝麻次之。但是，过量摄入铜会引起人体中毒，损害肝脏。另外，生活中特别不能误食铜锈，即"铜绿"，食入后会造成中毒。

紫铜管与黄铜线 ▶

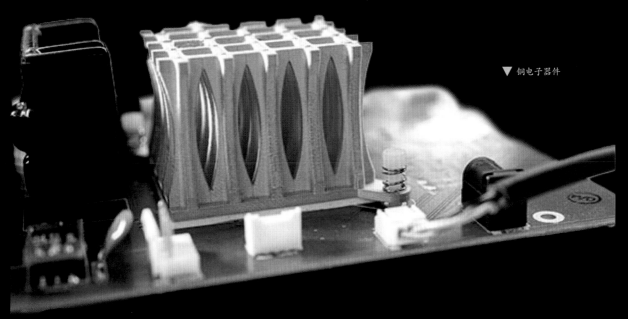

▼ 铜电子器件

锌（Zn） 中国最早发现并使用的金属

锌	zinc
原子序数	30
熔点	419.58 ℃
沸点	907 ℃
密度	7.14 g/cm³

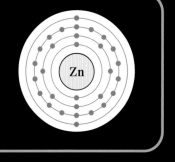

▲ 金属锌粒

▲ 锌金属锭

中国最早发现并使用的金属

▼ 锌矿的开采现场

锌是人类自远古时就知道使用的元素之一。古人把锌矿石和铜一起熔化制得发出黄灿灿光芒的合金，称为黄铜。但金属锌的发现要比铜、铁、锡、铅晚得多，这可能是由于碳和锌矿共热时，温度很快高达 1 000 ℃以上，而金属锌的沸点是 906 ℃，这就导致锌成为蒸气状态烟消云散，因而没有被古代人们所察觉。只有在人们

掌握了冷凝气体的方法后，单质金属锌才被制取出来。

世界上最早发现并使用锌的国家是中国，10—11世纪，中国已经开始大规模生产锌。明朝的《天工开物》一书中有世界上最早的关于炼锌技术的记载。1745年9月12日，瑞典最大的商船"哥德堡号"从中国满载归来，但在自己的"家门口"触礁沉没；直到1984年，人们开始打捞"哥德堡号"，并从打捞的物品中发现了一大批锌锭，经过分析，其中锌的含量达到99.5%，说明那时中国已完全掌握了生产锌的方法。但西方国家仍然认为德国人马格拉夫是首先发现锌元素的人，因为他于1946年分离出了金属锌。

有色金属消耗排名第三

金属锌具有良好的压延性、耐磨性、抗腐蚀性和铸造性，而且有很好的常温机械性能，能与多种金属制成性能优良的合金。目前，锌在有色金属消费量中仅次于铝和铜。

锌有优良的抗大气腐蚀性能，如果在其他金属表面镀上一层锌，则可在常温下生成一层保护膜，从而保护基体金属免遭大气腐蚀。因此锌最大的用途是用于镀锌工业，主要被用于钢材和钢结构件的表面镀层，最常见的就是镀锌板，被广泛用于汽车、建筑、船舶、轻工等行业。另外，金属锌板是一种非常有效的屏蔽材料，由于锌是非磁性的，适合做仪器仪表零件的材料、仪表壳体以及钱币。锌金属与其他金属碰撞不会产生火花，故还常被用作井下防爆器材。

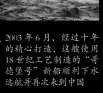

▲ 2003年6月，经过十年的精心打造，这艘使用18世纪工艺制造的"哥德堡号"新船顺利下水远航并再次来到中国

◀ 镀锌板被用于船舶制造业

生命之花绽放

被誉为"生命之花"的锌是人体必需和重要的元素之一，在人体内200多种酶中都不可或缺。锌直接参与酶的合成，是调节基因DNA聚合酶的必需组成。锌可促进机体生长发育及组织再生，人体若缺锌会导致生长、蛋白质合成发生障碍，会推迟性成熟，引发缺锌性侏儒症，会削弱人体的免疫机能，使人更易受到细菌和病毒的感染。缺锌还会导致人的皮肤粗糙、干燥。

人体所需的锌主要来源于食物中，锌主要存在于海产品和动物内脏，以及豆类、花生、小米、大白菜和萝卜中。

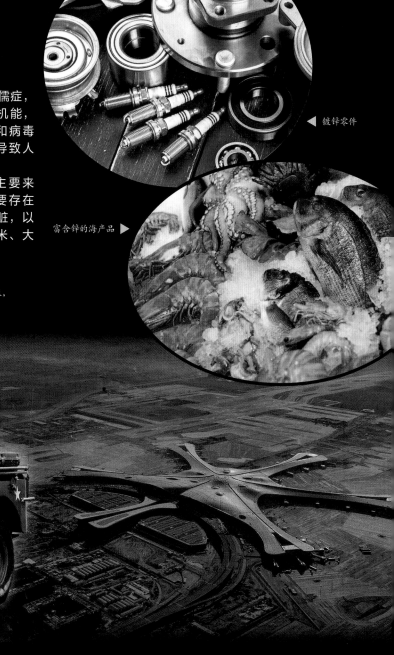

◀ 镀锌零件

富含锌的海产品 ▶

▼ 机场建设少不了镀锌钢板，
图为首都大兴机场

▼ 镀锌板被广泛用于
汽车、船舶等制造业

铌（Nb）超导冠军

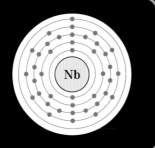

铌	niobium
原子序数	41
熔点	2 468 ± 10 ℃
沸点	4 742 ℃
密度	8.57g/cm³

他女儿尼俄柏的名字来分别为钽与新元素命名更显浪漫，故最终选定了"铌"（niobium）这一称谓。

铌和钽伴生在同一矿体内，含有铌和钽的矿物共有百余种，烧绿石便是典型的铌钽矿物。据2014年的资料，全球铌的储量超过430万t，其中巴西占了95%左右。内蒙古包头白云鄂博矿则是我国最大的铌资源地。

▲ 烧绿石——一种含铌的矿物

钽的"女儿"

铌最早于1801年被发现——英国一位科研经验非常丰富的化学家查理斯·哈契特在保存于大英博物馆中的、以后被称为铌铁矿的矿石中发现了它。哈契特发现这种矿石中有种元素的氢氧化物能与碱发生反应，其盐类有水解倾向，并很难被还原，因而认为这种元素是一种新的元素。由于这种矿石来自于美国，哈契特为纪念发现美州新大陆的哥伦布遂把这种新元素命名为"钶"。后来，德国化学家罗斯宣称他也发现了一种新元素，且因其性质与钽相似，遂以希腊神话中坦塔罗斯（Tantalus）的女儿尼俄柏（Niobe）的名字将其命名为"铌"。

1865年，科学家们确定"钶"与"铌"是同一元素，且因该元素与钽的物理、化学性质非常相似，人们觉得用希腊神话中的坦塔罗斯和

超导优等生

铌是优秀的超导金属，尽管常压下的超导元素有20多种，但铌的超导性排第一当之无愧。铌锆合金、铌钛合金是目前大批量、商业应用的超导材料。

铌在阳极上形成的氧化膜有很好的化学稳定性，漏电流较小；钽虽然更好，但铌粉的价格仅为钽的10%左右。因此，近年来，铌粉和铌电解电容器的制造和应用得到迅速发展。

铌超导性能优异，把铌冷却到-263.9 ℃的超低温时，它会变成几乎没有电阻的超导体。高纯金属铌制作的射频超导腔是粒子加速器的核心零部件，对粒子加速器建设起到了至关重要的

作用。粒子加速器不仅是研究核物理、高能物理的主要手段，也是凝聚态物理、化学、生命科学、材料科学等众多学科必不可少的重要研究工具。铌还被用于超导发电机、磁共振成像等设备中。

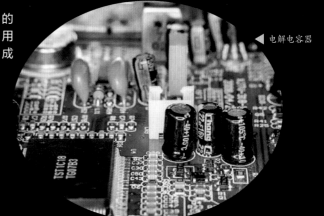

▲ 电解电容器

提升钢材综合性能

金属铌密度高、熔点高，其表面易生成致密的高化学稳定性的五氧化二铌（Nb_2O_5）膜，具备优异的耐腐蚀性能。铌在钢中用量最大，占铌总消耗的 90% 左右。钢中添加少量的铌，可明显提高钢的强度与韧性以及耐热性能，含铌低合金钢已在建筑化工、管道运输等领域得到普遍应用。几乎所有喷气式发动机的热部件都采用了铌合金，而高纯铌则在航空航天以及原子能工业被广泛应用。

▼ 超导加速器

射频超导腔 ▶

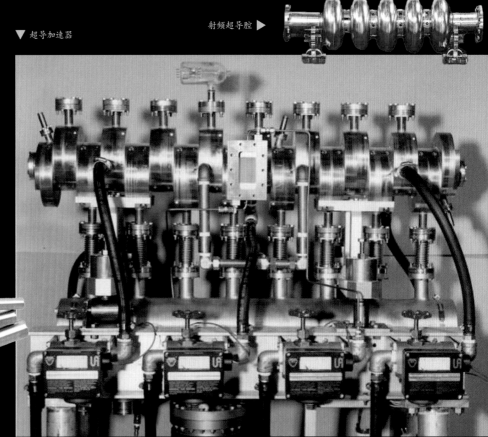

▲ 含铌低合金钢

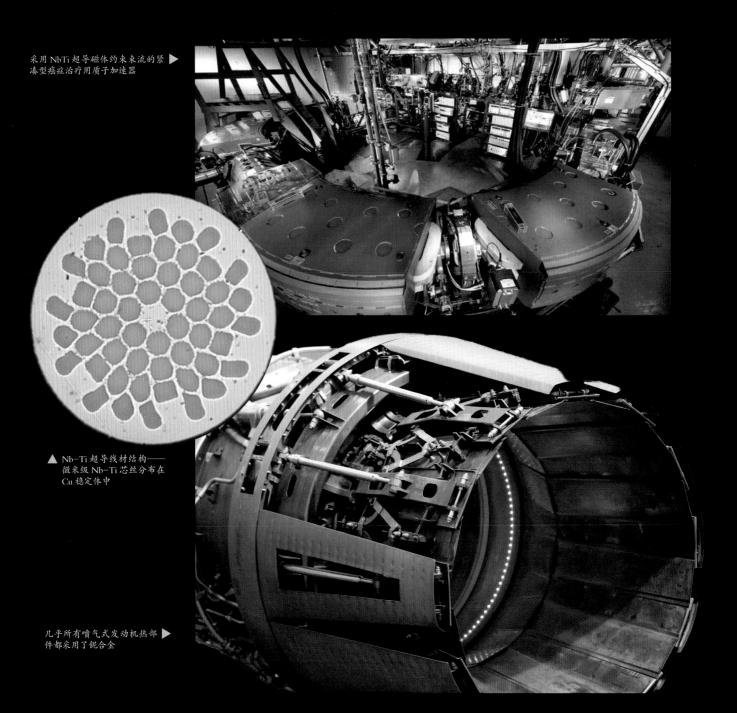

采用 NbTi 超导磁体约束束流的紧▶
凑型癌症治疗用质子加速器

▲ Nb-Ti 超导线材结构——
微米级 Nb-Ti 芯丝分布在
Cu 稳定体中

几乎所有喷气式发动机热部▶
件都采用了铌合金

钼（Mo）因战争而成名的金属

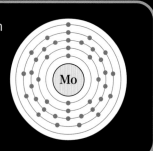

钼	molybdenum
原子序数	42
熔点	2 610 ℃
沸点	4 612 ℃
密度	10.28 g/cm³

这是人类发现的第 24 种元素，他为其命名的拉丁文名称为"molybdenum"，元素符号为"Mo"。该名源于希腊文"molybdos"，意思是"像铅"。

钼既是亲氧元素，又是亲硫元素。自然界中没有单质钼存在，钼都是以化合物的形式存在。钼较为稀有，地壳丰度为 1.5 g/t。美国科罗拉多州高峰矿山的钼产量占世界总产量的 50%以上；中国的钼储藏量较其他国家还算丰富，居世界第二位，但钼矿床品位低，主要取自辉钼矿和黄铅矿。

曾被误认为是铅的元素

古希腊人很早就认识和使用了方铅矿，但那时的人们稀里糊涂地把辉钼矿也当成了方铅矿，因辉钼矿和方铅矿非常相像，都是那种又软又黑的硫化物，令人难以区分；而石墨与辉钼矿更加相像，不仅外貌相似，就连晶体内部那滑腻的层状结构也相同。所以在 18 世纪中期之前的欧洲市场上，人们把辉钼矿与石墨都当成是方铅矿出售。1778 年，瑞典化学家舍勒用辉钼矿与硝酸反应生成了一种白色粉末，然后将这种白色粉末与碱液煮沸，结晶析出一种盐；他认为这种白色粉末是一种金属氧化物，并认为其中存在一种未知的新元素。三年之后的 1781 年，根据舍勒的启发，舍勒的朋友——另外一位瑞典化学家——耶尔姆用"碳还原法"从这种白色粉末中首次分离出了金属钼。

▲ 钼粒

◀ 钼矿石

在军用钢领域获得成功应用

钼易氧化、脆性大，不能进行机械加工，无法单独使用，因此从被发现到之后的一个多世纪以来，钼都"默默无闻"。直到1891年，法国施耐德公司率先将钼加入钢中做成含钼装甲板并发现其性能优越可以取代钨，从而让钼作为钢中重要的合金元素而被广泛应用。钼也因此在钢铁领域的消耗量最大。

钼是高密度、高熔点金属，加入钼的钢其硬度、

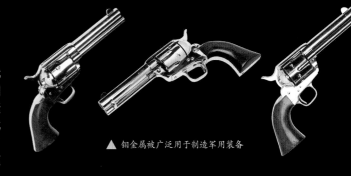

▲ 钼金属被广泛用于制造军用装备

▼ 装甲战车

韧性、弹性和抗腐蚀性都有大幅提高，且热膨胀系数较小，最适合用来制造车轴、装甲板、枪炮筒等军用器材。第一次世界大战中的坦克装甲就大量使用了钼钢，其中最为著名的莫过于1909年德国克虏伯公司秘密研制的、以老板贝尔莎克虏伯的名字命名的"大贝尔莎"巨型重炮。其炮管长7 m、直径420 mm，重达43 t。该重炮可以将1 t重的炮弹发射到15 km远的目标处。当时令人最为震撼的是德国用这种重炮向比利时的列日要塞发射了几十发炮弹，将整个要塞炸得惨不忍睹。

第一次世界大战中德国造的大贝尔莎炮 ▶

◀ 被大贝尔莎炮摧毁的列日要塞

应用前景光明的二硫化钼

硫化钼已被人们当作催化剂应用在了石油化工和煤化工上，而实际上它更是一种优良的超高压润滑剂，无论是干粉形式还是与油脂混合，它都能承受极高的压力和严苛的温度而不失效。使用二硫化钼润滑剂的汽车，其行驶里程是使用普通润滑剂的汽车的 3 倍；对于高速运转的鼓风机轴承的润滑，使用一次可持续 1 年的时间；更可贵的是，它可应用于地球两极与高空的低温环境。用二硫化钼制造的电子晶体管，在待机情况下的功耗仅为硅晶体管的十万分之一。

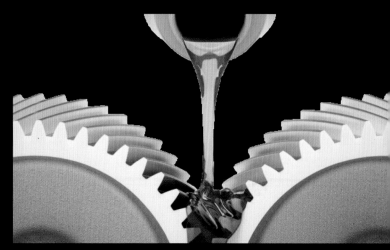

▲ 二硫化钼润滑油

人体必需的微量元素之一

钼是重要的生物催化剂，许多生物酶都含有钼原子。钼是豆科植物固氮菌中钼黄素蛋白酶的主要成分，可激发磷酸酶的活性，促进作物糖与淀粉的合成与运输，被广泛用在农场牧业。钼还是动物肝脏和肠道中的黄嘌呤氧化酶、醛类氧化酶的基本成分。同时钼是形成尿酸不可缺少的微量元素，参与人体内铁的利用，能预防贫血，预防心血管疾病，维护人体免疫功能。人体若缺少钼就会导致近视、龋齿、肾结石、克山病、大骨节病，甚至食管癌。因此人体需要通过饮食摄取适量的钼，豆类、全麦、某些肉类、动物内脏都是钼的来源。当然，钼摄入过多也会导致痛风、关节疼痛、发育迟缓等。

钼肥能显著地提高豆类植物、牧草及其他作物的质量和产量 ▶

锡（Sn）大名鼎鼎的五金之末

锡	stannum
原子序数	50
熔点	231.88 ℃
沸点	2 260 ℃
密度	7.28 g/cm³

▲ 锡矿

"青铜器时代"的最佳配角

锡是一种有银白色金属光泽的低熔点软金属，常温下延展性好，化学性质稳定，不易被氧化，常保持银闪闪的光泽。锡在地壳中的丰度为0.004%，是一种比较稀贵的金属。在自然界中，锡几乎都以锡石（氧化锡）的形式存在，此外还有极少量的锡硫化物矿。我国锡矿资源十分丰富，锡矿的探明储量为2 600万t，占世界探明储量的1/4，是世界上锡矿探明储量最多的国家。我国云南省红河哈尼族彝族自治州的"锡都"——个旧市（哈尼人之意为"银色的山谷"），其锡矿储量丰富，是世界著名的锡矿带之一。

早在远古时代，人们便发现并使用锡。考古学家在埃及发现了公元前1580年前的"锡环"；我国的一些古墓中也常发掘到锡壶、锡烛台之类的锡器。据考证，

▲ 中国古代精美的锡青铜器

我国周朝时锡器的使用已十分普遍。

锡对人类历史最直接、最重要的影响，是作为"最佳配角"与金属铜通过冶金化合形成著名的青铜，使柔软的纯铜变得更坚硬，从而辅助铜成为古代制造生活、劳作工具和武器的理想材料。青铜器时代是人类文明发展的重要阶段，中国青铜器鼎盛期延续时间有一千六百余年，形成了中国的传统文化体系，其间锡的贡献功不可没。

▲ 三星堆青铜纵目面具

既怕冷又怕热

纯锡是一种特别脆弱的金属，遇到 161 ℃以上温度时就会变脆，到 232 ℃时会熔化，而在 -13.2 ℃ 低温下，则会生"锡疫"病。其耐高温和低温性能都很差，这是因为它有三种同素异形体，在不同的温度下，会呈现出三种性质大不相同的形态：在 -13.2 ~ 161 ℃的温度范围内，锡的性质最稳定，叫作"白锡"；如果温度升高到 161 ℃以上，白锡就会变成一碰就碎的"脆锡"；当温度低到 -13.2 ℃以下时，它就会由银白色逐渐地转变成一种煤灰状的粉末，叫作"灰锡"。从白锡到灰锡的转变还有一个有趣的现象，这就是灰锡有"传染性"——白锡只要一碰上灰锡，哪怕是碰上一小点，白锡马上就会向灰锡转变，直到把整块白锡毁坏掉为止。人们把这种现象叫作"锡疫"，就像人类的传染病一样。1912 年，一支英国南极洲探险队遭到了全军覆没的灭顶之灾，就是因为一场锡疫使煤油漏得无影无踪所造成的。不过这种"病"是可以治疗的，只要把"患病"的锡再熔化一次，它就会复原。

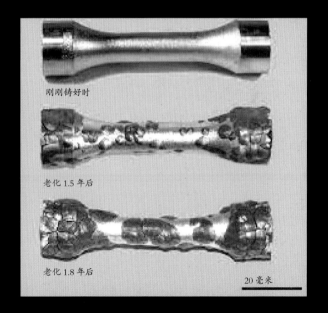

刚刚铸好时

老化 1.5 年后

老化 1.8 年后

20 毫米

▲ 锡疫

大名鼎鼎的"五金"之末

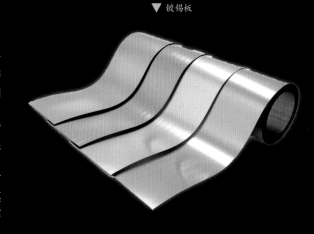

锡具有惰性，不和空气、水反应。在空气中锡的表面会生成二氧化锡保护膜而表现稳定。锡有多种表面处理工艺，能制成多种款式的产品，如传统典雅的欧式酒具、烛台、茶具，令人一见倾心的花瓶和精致夺目的桌上饰品等，完全可以媲美熠熠生辉的银器。

锡器以其典雅的外观造型和独特的功能效用风靡世界各国，马来西亚锡器被公认为高档的馈赠佳品及非常有价值的收藏品。

锡富有光泽、无毒、不易氧化变色，具有很好的杀菌、净化、保鲜效用，常用于包装香烟、保鲜食品、制作罐头内层的防腐膜等。把锡镀到铜线或其他金属上，可以防止这些金属被酸碱等腐蚀。在黄铜中加入锡，就成了锡黄铜，多用于制造船舶零件和船舶焊接条等，素有"海军黄铜"之称。锡和锑铜合成的锡基轴承合金以及和铅、锡、锑合成的铅基轴承合金，可以用来制造汽轮机、发电机、飞机等中需要承受高速高压的机械设备的轴承。而青铜，这一古老的合金，目前主要用来制造耐磨零件和耐腐蚀的设备。我们今天广泛使用的镀锡钢板，据说最早它是从我国澳门传到我国内地的，所以人们根据澳门的英文名"Macau"将其称为"马口铁"。锡与硫的化合物——硫化锡，其颜色与金子相似，常被用作

▲ 1912年，英国斯科特探险队的船只在去南极的途中，因天气十分寒冷，而用于取暖的煤油又因锡疫漏光了，以致探险队员全部被冻死在南极冰原

金色颜料。此外，锡在锂电池领域对阳极碳的替代、在不锈钢领域对铬镍的替代、在 PVC 领域对铅的替代也在逐步推进。

古老的锡现今仍然是现代工业不可缺少的关键稀有金属之一，号称"工业味精"，目前主要用于制造焊锡、镀锡板、合金、化工制品等，其产品被广泛应用于电子、信息、电器、化工、冶金、建材、食品包装、机械、原子能及航天等行业。

锡也是人体不可或缺的微量元素之一，锡在人体的胸腺中能产生抗肿瘤的锡化物，抑制癌细胞生成；锡还能促进蛋白质和核酸的合成，有利于人体生长发育，儿童若缺锡则会对其生长发育造成不良影响。生活中的金属锡是无毒的，简单的无机锡化合物和锡盐毒性也非常低，但工业中的有机锡是有毒的。

▲ 生活中常用的锡箔纸

▼ 精美的锡酒具

◀ 锡黄铜

铅（Pb）污染元素

铅	lead
原子序数	82
熔点	327.50 ℃
沸点	1 740 ℃
密度	11.34 g/cm³

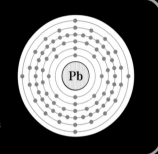

◀ 方铅矿

▼ 矿井

篝火现金属

铅的发现纯属偶然，它是篝火现金属的代表——在很早以前，当人们把一块灰色的石头（方铅矿）投入篝火中，之后竟然发现石头上流出了液体，液体冷却后又变成了一种银白色的金属，这就是铅。与金、铜比起来，铅的熔点非常低，仅约为 328 ℃。这一偶然现象让人们发现了可以用加热的方法将石头变成液体进而得到金属，从而推动了冶金和铸造工艺的发展。

铅是人类最早使用的金属之一。公元前 3000 年，人类已会从矿石中熔炼铅。铅在地壳中的丰度为 0.001 6%，主要矿石是方铅矿。在公元前 1792—前 1750 年巴比伦国王汉穆拉比统治时期，已经有了铅的大规模生产。在中国殷代的墓葬中也发现有铅制的酒器卣、爵、觚和戈等。

在中国商殷至汉代时期生产的青铜器中，铅的含量有增大的趋势。青铜中铅的增加对于液态合金流动性的提高起到了重要作用，该合金用于铸造时可使铸件纹饰清晰显露。铅是银白色的金属，相对原子质量 207.2，是原子量最大的元素。铅十分柔软，用指甲便能在它的表面划出痕迹。用铅在纸上一划，会留下一条黑线；古代人们曾因此将铅条夹在木棍中作为笔来使用，"铅笔"这名字便是从这儿来的。铅很重，1 m^3 铅重达 11.3 t。人们常见的铅球运动中的球那么沉，便是因为其中有铅；钓鱼用的坠子也是用铅做的；子弹如果太轻，在前进时受风力影响会改变其行进方向从而影响子弹的准确性，因此子弹的弹头中常常灌有铅以增加子弹重量。在油漆颜料中，不同的铅化合物会被当作色素添加进去，并形成不同的颜色。

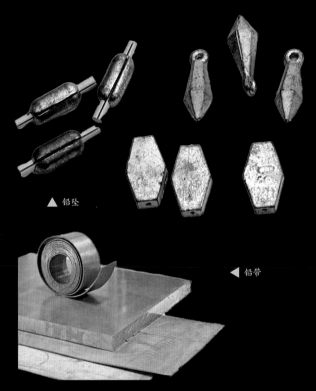
▲ 铅坠

◀ 铅带

蓄电池和放射性防护的主力

铅被广泛用于化工、蓄电池生产和放射性防护等行业中。人们利用铅的不同价态固相反应实现充电和放电，主要用于制造价格便宜的铅酸蓄电池。美国加利福尼亚一座 40 MW 容量的大电池装置，约耗用 2 000 t 铅。蓄电池用铅占铅总消耗量的 90%。

铅的另外一个重要作用则是能很好地阻挡放射性射线。其实，所有的物质都可以阻挡辐射，但密度越大的物质阻挡辐射的能力越强。元素周期表里排在铅以后的元素都有辐射，而除放射性元素外，铅的密度最大，排在首位；当然，你也可能会质疑：金属铱、

▼ 铅酸蓄电池

俄、金的密度也很大啊，为什么不使用它们呢？原因很简单，因为它们都太昂贵，用不起啊！所以，

价廉物美的铅就成为防辐射的最佳选择，被人们广泛地用来制造放射性辐射、X射线的防护设备。

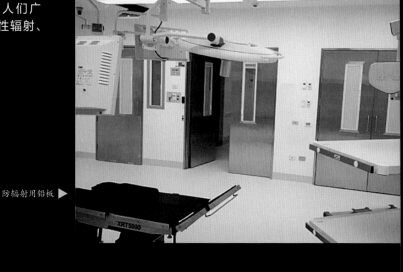

必须重视铅带来的污染

防辐射用铅板 ▶

▼ 含铅涂料

人类使用铅的过程是不断付出惨痛代价的过程。铅是有毒重金属，对人体危害极大。几千年来，人类在使用铅的历史中发生过许许多多中毒及污染事件，如炼金术士们的铅丹、贵妇们当作白色粉底涂敷的铅白、古罗马用铅做成的输水管道，等等，都造成了无数人铅中毒，但那时的科学不够发达，人类无法认知到铅元素的毒性。

现在，人们清楚地知道铅是人体不需要的微量元素，铅及其化合物进入人体后，会对神经、造血、消化、肾脏、心血管和内分泌等多个系统造成危害；如果人体中的铅含量过高则会导致人体铅中毒。由于铅在环境中的长期持久性及铅对许多生命组织有较强的潜在毒性，所以铅

一直被列入强污染物范围。在很低的浓度下，铅对人体健康的长期影响表现为：影响大脑、神经系统以及男性生殖系统，对妇女和儿童影响更加严重。由于铅对环境的污染，20 世纪 80 年代以来，铅的应用已有大幅下降，现在的汽油、燃料、焊锡和水管中都不含铅。

每年因接触铅而造成死亡的人数高达 14 万多。世界卫生组织已经把铅确定为引起重大公共卫生事件的 10 种化学品之一。金属盒装罐头，爆米花，膨化食品，松花蛋，彩印包装，汽车尾气，化妆品，农药，工业生产的超标废渣、废水、废气等都可能是铅污染的来源，其危害不容忽视。

铅球运动 ▶

预防儿童铅中毒

接触铅会严重损害儿童健康

影响大脑和神经系统

减缓生长发育

导致学习和行为问题

造成听力和语言障碍

◀ 重视铅污染对人类生

这些影响会导致：
智商下降；
注意力不集中

稀有金属

稀有金属是过渡族金属中的一类重要元素。这类金属元素在自然界的储量及分布相对稀少，提炼困难，工业制备和生产应用相对较晚，但在当代科技产业及国防工业中又不可或缺，是国家的重要战略资源。

稀有金属也包括稀散金属，即周期表中右端呈锯齿状分布的镓 (Ga)、铟 (In)、铊 (Tl)、锗 (Ge) 等元素组成的金属元素族群，它们之间的物理及化学性质相似，通常以稀少分散状态伴生在其他矿物之中。现代工业中的很多半导体、电子光学材料、特殊合金、新型功能材料及有机金属化合物等，均是有色金属与性能独特的稀散金属组合而成的。

与多数金属相比，稀有金属中锆、铪、钽、钼、钨、铼等是密度更大、熔点更高的难熔金属，如 74 号元素钨的熔点可达 3 410 ℃，75 号元素铼的熔点是 3 180 ℃，76 号元素锇的熔点为 3 045 ℃，排第四的是金属钽，熔点为 2 996 ℃。其他熔点在 2 000 ℃以上的金属还有铌、钼、铪等。铪的一种合金的熔点高达 4 215 ℃，是已知熔点最高的物质。这些稀有元素拥有熔点高、耐磨性和抗腐蚀性极强的特点，在金属中属于"硬汉"中的"硬汉"，是支撑国防军工发展的重要保障。

稀有金属还包括使用历史悠久的液态金属汞，在自然环境中含量很低的伴生金属元素铊，以及一种相当稀少的金属元素铋。

稀有金属在现代工业中举足轻重，常用于制造特种钢、超硬质合金和耐高温合金，以及运用在电气、化学、原子能、航空发动机及火箭技术等方面。

不过，在研究稀有金属的应用的同时，人们对稀有金属镉、汞、铊等元素引起的重金属污染的治理及防范也愈发重视。

▼ 稀有金属在元素周期表里的位置

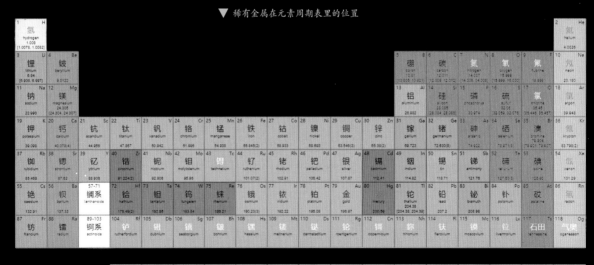

镓（Ga） 贡献出蓝光 LED 的金属

镓	gallium
原子序数	31
熔点	29.78 ℃
沸点	2 403 ℃
密度	6.095 g/cm^3

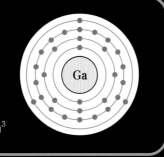

在自然界中，绝大多数镓都以铝、锌或锗矿石中的混合物形式存在，镓矿物稀有。

▲ 镓是门捷列夫按元素周期规律成功预测的第一个自然界元素

门捷列夫成功预测的第一个自然界元素

镓是化学史上第一个先被理论预言，后在自然界中被发现验证的化学元素。1871 年，门捷列夫发现元素周期表中铝元素下面还有个空位，于是他预测这是一种性质与铝相似的元素，并将其称为"类铝"。这一预测被法国化学家布瓦邦德朗缺少一个元素，并从 1865 年开始用分光镜寻找这个元素，直到 1875 年 9 月，他在闪锌矿中提取锌的原子光谱上观察到了一条新的紫色线，于是断定这是一种新元素，并于同一年通过电解镓的氢氧化物得到了这种新的金属；他将此物质命名为

放在手心就可以熔化的金属

▼ 纯净的镓

镓 元素是一种非常神奇的液态金属元素，其熔点很低，有如巧克力放在手心就可以被熔化。

超纯镓具有美丽的银色外观，其固态呈贝壳状断裂，类似于玻璃。镓是除了汞、铯和铷之外，在室温下呈液体的金属，这使得它能够用作高温温度计；镓还能溶解多种金属并形成液态合金，如可溶解镁和铝。此外，镓还有点反常：大多数金属是热胀冷缩的，而镓却是冷胀热缩。当镓从液体凝结成固体时，体积要膨胀3.1%，跟水类似。因此，镓应当存放在塑料或橡胶制的容器里；如果装在玻璃瓶子里，一旦液态的镓凝固时体积膨胀，就可能会把瓶子撑破。镓可以浸润玻璃和陶瓷，当它被涂在玻璃上时，就能形成一面光亮的镜子。镓在其凝固点以下具有很强的过冷趋势，因此需要利用引晶技术来让其开始凝固。

镓的化学性质与铝相似，但金属活动性类似锌，比铝低。在室温下，镓不会与空气和水发生反应，因为它会在表面形成一层具有保护性的钝化膜。但在高温下，其会与氧气反应生成氧化镓。镓是两性的，易溶于酸和碱，并且伴随着氢气的释放。

▲ 放在手心就可以被熔化

▼ 镓铟锡体温计

含镓的半导体材料被广泛用于微波通信 ▶

白炽灯点亮了 20 世纪，LED 灯将照亮 21 世纪

镓有低熔点及高沸点的特性。它的很多化合物都是优质的半导体材料，被广泛应用到光电子工业和微波通信工业，其应用中最著名的是获得过 2014 年诺贝尔物理学奖的氮化镓蓝光 LED。

电子元器件中的镓元素主要来自砷化镓和氮化镓。用砷化镓制成的半导体器件具有高频、高温、低温性能好，噪声小，抗辐射能力强等优点，如其可被用于制造手机中低噪声微波前置放大器的超高速逻辑芯片和金属半导体场效应晶体管等。用含镓、

砷、磷、氮等的化合物制成的发光二极管，常被用于制作电路及仪器中的指示灯，或者被用来组成文字或数字显示等。20 世纪中叶，红色与绿色发光二极管就已经问世——砷化镓二极管发红光，磷化镓二极管发绿光，例如我们在电脑上看到的红光和

▲ 氮化镓蓝光

▼ 镓铟易熔合金自动龙头适合油气田使用

绿光就是由砷化镓和磷化镓二极管发出的。但是，要想把发光二极管用于照明，则必须发明蓝色发光二极管，因为有了红、绿、蓝三原色后，才能产生照亮世界的白色光源；而蓝色发光二极管的制备技术困扰了人类30多年。2014年，诺贝尔物理学奖颁发给了日本科学家赤崎勇、天野浩和美籍日裔科学家中村修二，他们因发明"高亮度蓝色发光二极管"而获奖，这蓝色发光二极管就是氮化镓二极管。

当镓处于液体状态时，受热后其体积会均匀地膨胀，且镓的熔点很低，液体温度范围大，因此镓就可以做成温域很宽的温度计，用于探测很高的温度——其可在1 200 ℃的温度下使用。平常的水银温度计对测量炼钢炉、原子能反应堆的高温就无能为力，因为水银会在356.9 ℃化作蒸气，而这在用镓制成的温度计面前就是小菜一碟。此外，使用"铟镓锡合金"制作的体温计也是一种常用的医用温度计。

由于镓具有很低的熔点，因此镓常被用于和铟、铊、锡、铋、锌等金属一起制备低共熔合金，这类合金的熔点可达3~65 ℃。这些低共熔合金可被用于温度测控、金属涂层、电子工业及核工业的冷却回路，以及代替仪

表中的含汞物质。另外，这类低共熔合金还可被用于自动灭火。例如，把它们用到自动救火龙头的开关上，一旦发生火灾，温度升高，用这种易熔合金做的开关保险就会熔化，水便能自动喷出，达到自动灭火的目的。

镓还可用于太阳能电池的制造，如砷化镓太阳能电池、铜铟镓硒薄膜太阳能电池等。铜铟镓硒薄膜太阳能电池具有生产成本低、污染小、不衰退、弱光性能好等特点，光电转换效率接近晶体硅太阳电池，居各种薄膜太阳能电池之首，而成本却是晶体硅电池的三分之一，被国际上称为"下一时代非常有前途的新型薄膜太阳能电池"。

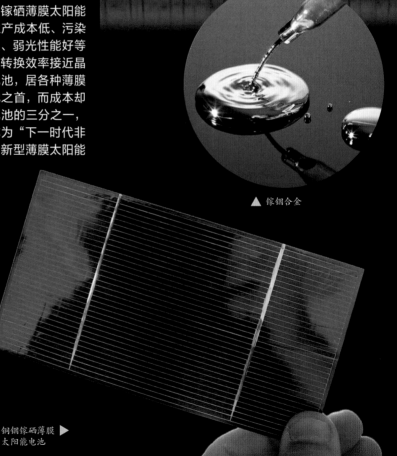

▼ 氮化镓制成的蓝色发光二极管

▲ 镓铟合金

铜铟镓硒薄膜 ▶
太阳能电池

锗（Ge）半导体工业的重要元素

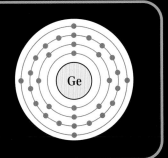

锗	germanium
原子序数	32
熔点	937.4℃
沸点	2 830℃
密度	5.32 g/cm³

因此才最终确立了它在周期表中的确实位置。随后，温克勒持续对该矿石进行研究，于 1887 年查清了这种新元素的化学性质且通过分析纯四氯化锗，确定了锗的原子量为 72.32。

锗具有亲硫、亲铁、亲有机的化学性质，很难独立成矿，一般以分散状态分布于其他元素组成的矿物中，成为多金属矿床的伴生成分，比如含硫化物的铅、锌、铜、银、金矿床以及某些特定的煤矿。世界上锗资源最多的国家是美国，占全球锗含量的 45%；我国的锗资源占全球的 41%。目前，我国是全球最大的锗产出国，最近几年的产量约占全球锗产量的 71%。

被门捷列夫提前十几年预言的"类硅"

1869 年，门捷列夫发表了一份名为"化学元素周期律"的研究报告，当中预测了硅及锡之间存在一种元素，门捷列夫把它命名为"类硅"，并将其原子量定为 72。1885 年夏季，在萨克森王国弗赖堡附近的一个矿场，人们发现了一种富含硫与银元素的新矿物。德国化学家克莱门斯·温克勒对其进行了分析研究，并于 1886 年成功从中分离出一种与锑相似的元素。温克勒用他祖国——德国——的拉丁语"germanium"将该元素命名为"germanium"（锗）。由于锗跟砷和锑相近，所以当时它是否该出现在周期表上仍备受争论，最终由于它的原子量、密度、化合价等性质与门捷列夫十几年前预言的"类硅"极为吻合，

◄ 硫银锗矿

锗多晶体 ►

半导体工业的重要元素之一

锗是一种具有银白色金属光泽的半金属元素，硬度高且易破碎。与水一样，锗在凝固时会膨胀。锗的导电能力优于一般非金属，低于一般金属，从而被称为"半导体"。锗有着良好的半导体性质，如电子迁移率、空穴迁移率，等等。

通常石英光纤中会掺入一些别的元素以调控其折射率，而二氧化锗因具有高折射率和低色散性，从而取代了二氧化钛，成为石英光纤首选的掺杂物。掺锗光纤具有容量大、光损小、色散低、传输距离长及不受环境干扰等优良特性，是目前唯一可以工程化应用的光纤，成为光通信网络的主体。此外，四氯化锗也被用于高速光纤网、链路、光纤传感器、光纤制导及光纤系留装置等，近年来发展迅速。光纤用锗占全球锗总需求的30%。

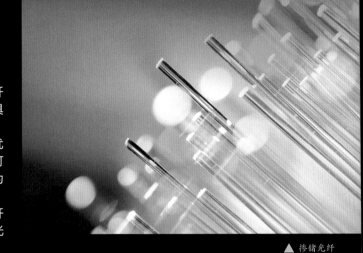

▲ 掺锗光纤

▼ 诞生在贝尔实验室的
世界上第一只晶体管

世界上第一只晶体管的诞生，锗功不可没

人类制造的第一支晶体管是锗肖特基二极管。1956 年，这种晶体管的发明者——贝尔实验室三位工程师因此获得了诺贝尔物理学奖。

在高纯硅冶炼技术成熟之前，电子产品大多依赖于锗半导体器件。锗常被用于制造二极管、晶体三极管、复合晶体管、锗半导体光电器件，以及光电效应、霍尔效应和压阻效应的传感器。此外，锗半导体器件也被广泛用于彩电、电脑、电话及高频设备中。锗管特别适用于高频大功率器件，且能在强辐射与 -40 ℃下正常运转；锗 - 硅（Ge-Si）与锗 - 锑（Ge-Te）可实现温差发

电而被用于制作宇航、卫星与空间站的启动电源等。

用锗作为衬底制作的砷化镓/锗（GaAs/Ge）太阳能电池，其性能与砷化镓/砷化镓（GaAs/GaAs）电池接近，但机械强度更高，单片电池面积更大。在空间应用环境下，其抗辐射阈值比硅电池高，性能衰退小，应用成本接近于同样功率的硅电池板，已被成功用于各型军用卫星和部分商业卫星中，逐步成为主要的空间电源。目前，火星探测车及数个人造卫星使用的就是 GaAs/Ge 太阳能电池。

锗对红外线没有阻拦性，这意味着红外线可以无损地穿过它，因此锗可作为一种

▼ 锗二极管

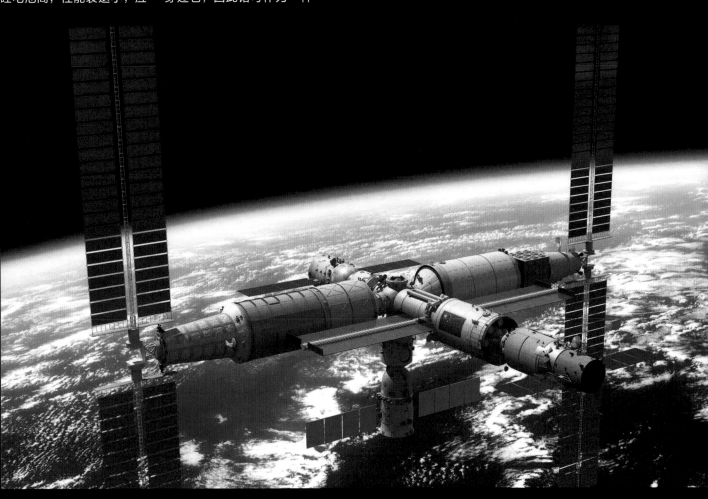

▼ 锗半导体器件可实现温差发电而被用于制作宇航、卫星与空间站的启动电源

重要的红外线光学材料。其一项重要应用，就是用于红外热成像仪的镜头涂层。这种镜头适用于波长为 8~14 μm 的红外线，此范围红外线可用于被动热成像及热点探测，因此被应用于军事、汽车夜视系统及消防等领域。

此外，这种镜头还可用于显微镜光谱仪以及其他需要极敏感红外线探测的光学仪器。目前，锗在红外光学领域的年需求量占锗消耗量的 20%~30%，锗红外光学器件主要被用作红外光学系统中的透镜、棱镜、窗口、滤光片等的光学材料。

▼ 锗的三接面太阳能电池逐步成为主要的空间电源

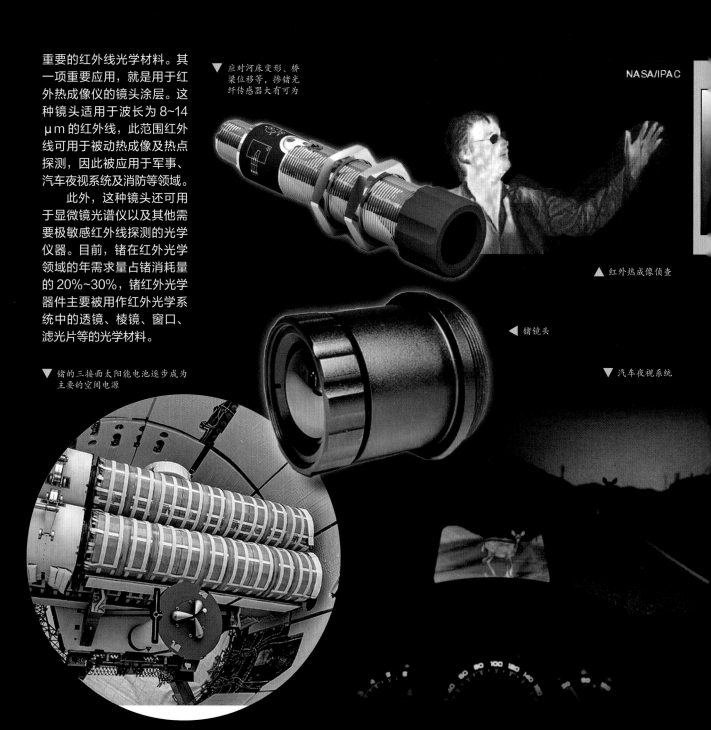

▼ 应对河床变形、桥梁位移等，掺锗光纤传感器大有可为

NASA/IPAC

▲ 红外热成像侦查

◀ 锗镜头

▼ 汽车夜视系统

锆（Zr）稀有金属中的"温柔硬汉"

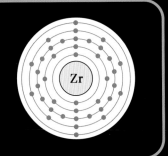

锆	zirconium
原子序数	40
熔点	1 852 ℃
沸点	4 377 ℃
密度	6.49 g/cm³

1914 年，荷兰电灯厂职员列里与汉保格两人，利用四氟化锆与钠的置换反应制得了纯金属锆。锆是人类发现的第 27 种元素，他们将其命名为"zirconium"，并取第一个字母的大写与第三个字母的小写组成了它的元素符号——Zr。

锆为亲氧元素，自然界中没有单质存在，它以化合物形式存在于锆石矿、斜锆石、锆英石、水锆石、异性石与独居石中，尤其爱跟与其原子半径非常接近的铪共生在一起。锆的地壳丰度为 0.025%，居第 18 位。斯里兰卡的锆石（锡兰石）矿因产各种宝石而闻名于世。澳大利亚有一段长达 150 km 的沿海沙滩中也含有锆。我国的锆储量居世界前列，特别是在海南沿海的海沙中，含丰富的锆矿和钛矿。

数代人接力发现的元素

天然锆石是地球上形成最古老的矿物之一，已测定出的最老的锆石形成于 44 亿年以前，比宇宙诞生只晚了一亿多年。曾经，以色列人将其当成珍贵的宝石佩戴。它的英文名字"zircon"来自阿拉伯文"zarqun"，意为"金子"。由于所含的其他元素不同，锆石会显现出多种不同的颜色，不过最常见的是淡棕黄色，人们常用它作装饰品。奇怪的是，在 18 世纪末期之前，人们居然没有认真研究过它的构成。直到 1789 年，德国化学家克拉普罗特从斯里兰卡产的锆石矿中发现了一种新的氧化物。由于这种氧化物来自锆石，克拉普罗特便将这种氧化物称为锆土。1824 年，瑞典化学家贝奇里乌斯通过加热金属钠和氟锆酸钾的混合物，获得了不纯的金属锆。

▲ 锆英石

锆金属 ▶

温柔的"硬汉"

高纯度的金属锆呈银灰色，密度小，硬度低，相当柔软，富延展性和拉伸性，但是只要加入微量的其他元素都会使它的硬度大增，但它的延展性却不受影响。

锆是两性金属，既溶于熔融的碱液，又溶于王水和氢氟酸；锆很容易吸收氧分子、氢分子和氮分子。在1 000 ℃时，用肉眼便可以看到锆因吸收了氧而使自身的体积膨大。锆金属还是天然金属中最不容易吸收中子的金属，这归功于它的原子核极为稳定。

严酷环境中的"英雄"

锆和锆的化合物有着广泛的用途。杂质小于十万分之一的高纯度锆，对热中子的俘获截面小，适合作核反应堆的结构材料，或用作铀棒和钍棒的外套；加入微量的其他元素，锆就是坚韧的硬质金属，可参与制造防弹合金钢，在坦克、军舰、大炮上一展身手。锆与钼混合而成的隔热材料，被用于火箭、导弹与航天飞机的发动机燃烧室及喷火管；锆能提高镁金属的抗拉强度和加工性能，锆还是镁铝合金的变质剂，能细化其晶粒。

▼ 坦克大量使用含锆防弹合金钢

▲ 锆钼隔热合金是火箭喷火管极好的材料

人造锆石仿万物

立方晶体形态的二氧化锆也称立方氧化锆，是最常见的人工合成的锆石代用品。人造锆石仿万物——在许多商场和廉价珠宝店的展示柜里充斥着大量立方氧化锆。天然锆石是天然宝石中折射率仅次于钻石、色散值很高的宝石，无色透明的锆石酷似钻石，是钻石很好的代用品，而人工合成的立方氧化锆只是天然锆石的替用品。常见的天然锆石多呈无色、红褐色、褐红色、绿色等，但最流行的颜色是蓝色和无色两种，其中以蓝色价值较高。

▲ 天然立方氧化锆的颜色取决于其所含微量元素的不同

其他多种用途

锆是典型的稀散金属，其熔点为1852 ℃，沸点高达4 377 ℃，经常被用于制作耐高温容器，如冶金的熔炼炉、坩埚、反应釜等。二氧化锆还可以用来制作金属锆、耐火材料、耐磨材料、陶瓷绝缘材料、高温隔热纤维、医药、颜料和有机合成的高温催化剂。

锆钛酸铅炼制的压电陶瓷材料有多种功能，既可用于压电打火机、压电点火机、移动 X 射线电源和炮弹引爆装置，又可用于探寻水下鱼群、超声清洗、超声医疗和

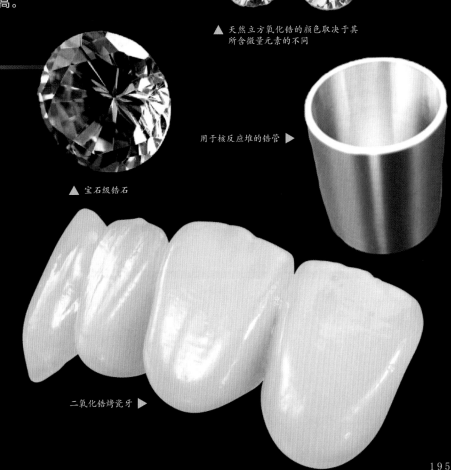

▲ 宝石级锆石

用于核反应堆的锆管 ▶

二氧化锆烤瓷牙 ▶

195

对金属的无损探伤。

　　锆能大量吸收氢、氮、氧等气体，在 200 ℃条件下，100 g 金属锆能吸收 817 L 氢气；温度高于 900 ℃时，锆可猛烈地吸收氮气……所以锆在各种电真空仪表、器具、灯具制造上得到了广泛使用。

　　锆还是一种亲生物金属，与人体组织相容性好——金属锆可用于制造神经外科的螺丝钉，锆基生物陶瓷被用于骨科、牙科的植入体中。

用氧化锆制的翼片砂轮 ▶

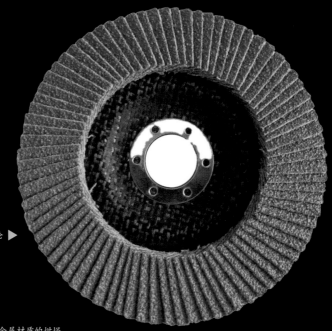

▼ 锆金属材质的坩埚

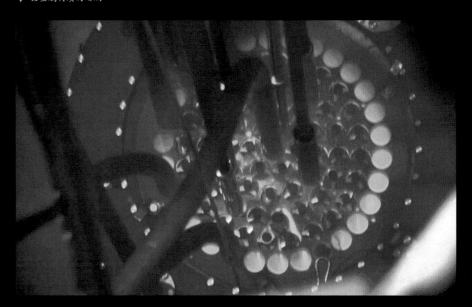

▲ 氧化锆陶瓷做的轴承

镉（Cd）对人体有害的元素

<table>
<tr><td>镉</td><td>cadmium</td></tr>
<tr><td>原子序数</td><td>48</td></tr>
<tr><td>熔点</td><td>321 ℃</td></tr>
<tr><td>沸点</td><td>765 ℃</td></tr>
<tr><td>密度</td><td>8.64 g/cm³</td></tr>
</table>

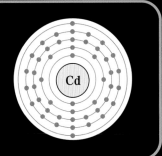

酸镉、闪锌矿中有硫化镉，从未发现镉的独立矿床。镉在自然界是比较稀有的元素，地壳丰度为 0.1~0.2 g/t，居第 65 位。我国镉的现有储量为 39 万 t，居世界前列。镉金属一般是作为冶炼锌矿时的副产物产出。

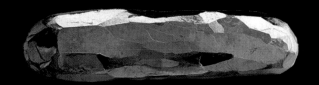

▲ 纯镉，一种柔软的银蓝色金属

打假发现的元素

1817年，德国化学和医药学教授施特罗迈尔兼任国家药商视察专员，在视察过程中他发现萨尔兹奇特制药厂用碳酸锌代替氧化锌出售，这促使他认真细致地抽检分析药物的样品，结果在不纯的碳酸锌中发现了一种全新的金属元素——镉。这是人类发现的第 49 种元素，施特罗迈尔为其命名为"cadmium"，并用该名称中第一个字母的大写与第三个字母的小写组成了它的元素符号——Cd。"cadmium"这一名字来自于"calamine"，意思是"菱锌矿"，因为镉是在菱锌矿（即碳酸锌）中被发现的。

镉属于亲硫元素，自然界中无单质存在，而以化合物的形式主要共生在富含锌的矿床里——菱锌矿中有碳

恐怖的镉大米

金属镉呈蓝灰色，有光泽，硬度小，延展性好，易切割；有反磁性，电阻率低，是热与电的良导体；有毒性，单质毒性小，但化合物毒性很大。金属镉进入人体后不仅很容易积累，而且会对硫、钙、锌等人体必需元素进行排挤，进而导致骨软、骨折，严重者会引起肾功能衰竭和癌变。

镉污染在重金属污染中排名第二。第二次世界大战后震惊世界的日本"痛痛病"，就是由于炼锌厂排放的含镉废水污染了周围的耕地和水源而引起的。

20 世纪初期，人们发现在日本富山县神通川流域的水稻普遍生长不良，水里的鱼也大量死亡；1931 年，当地又出现了一种怪病，患

1913年开始炼锌，神冈矿含镉废水污染河流后，进而污染农田、农作物，尤其是富集在稻米中，当地居民因长期以本地农作物稻米为食而引发了慢性镉中毒。得病患者终日为奇痛折磨，这种"痛痛病"曾整残致死200多人。日本的医学界通过长达15年的深入研究，才确定"痛痛病"是由镉污染造成的。

◀ "痛痛病"

含镉废水污染河流 ▶

被慎用元素

目前，镉使用得较多的地方是飞机的镀镉紧扣件。虽然普通的锌镀层对于家庭的日常用途已经足够好了，但是当要求使用的螺栓不会使它接触到的部件生锈或腐蚀这一点真的变得十分重要时，镉在这方面的性能是无与伦比的。

镉吸收中子的能力很强，可用于核反应堆中作控制棒和防辐射屏障。镉还有许多的用途：硫化镉可用来制作发光材料、瓷釉、玻璃釉等；碲化镉可用来制作光谱分析试剂、激光器、光电检测器、太阳能电池、镍镉充电电池、发光二极管等；氯化镉可用于照相、复印、印染、电镀、有机合成催化剂等；镉还有一个极大的亮点是镉黄，这是一种印象派画家喜爱的极

▲ 特殊用途的镀镉螺栓

▲ 超细镉粉晶体的彩色扫描电镜照

▲ 常用的镍镉充电电池

▼ 镉吸收中子的能力很强，可用于核反应堆中作控制棒和防辐射屏障

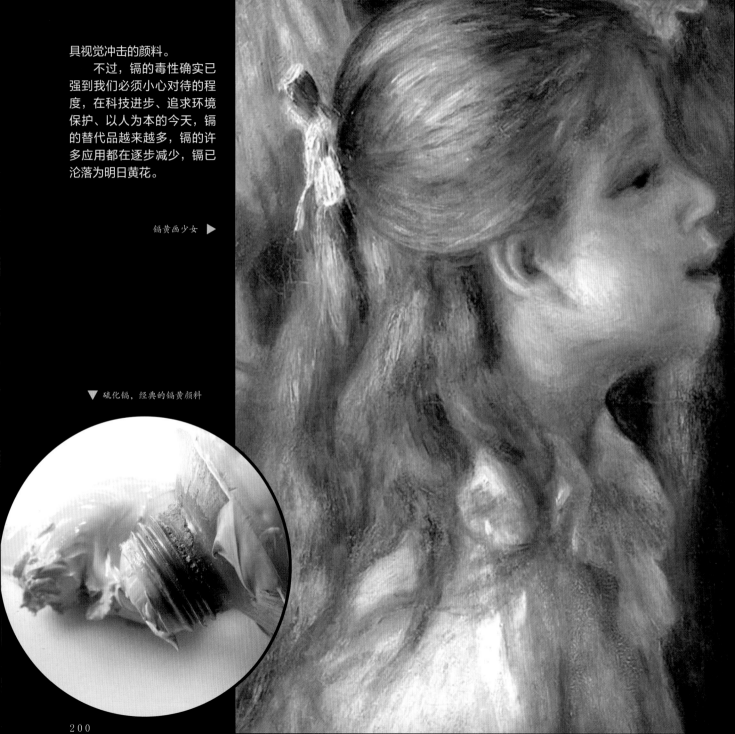

具视觉冲击的颜料。

　　不过，镉的毒性确实已强到我们必须小心对待的程度，在科技进步、追求环境保护、以人为本的今天，镉的替代品越来越多，镉的许多应用都在逐步减少，镉已沦落为明日黄花。

镉黄画少女 ▶

▼ 硫化镉，经典的镉黄颜料

200

铟（In）电脑手机屏幕上的元素

铟	indium
原子序数	49
熔点	156.61 ℃
沸点	2 080 ℃
密度	7.30 g/cm³

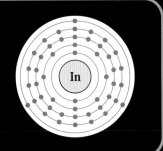

我国的铟储量占全球铟储量的60%以上，居世界第一。

铟是一种有银白色略带淡蓝色金属光泽的金属。它质软，如钠般可以用刀切割、能用指甲刻痕，可塑性强，延展性好。常温下金属铟不被空气氧化，不与水反应，不溶于碱性水溶液。它是周期表硼族元素的成员，性质主要介于与它上下比邻的镓和铊之间。如同锡，当铟被弯曲时，可听见由于孪晶爆裂而发出的高音频鸣声；如同镓，铟能浸润玻璃；当低于临界温度3.41 K（−269.74 ℃）时，铟会成为超导体。铟具有轻微放射性，因此应避免与皮肤接触和食入。

由靛蓝色光谱发射线命名

1863年，德国化学家费迪南德·赖希和希奥洛缪·西奥多·里希特在德国萨克森州弗赖贝格附近的矿山中测试矿石。他们将黄铁矿、砷黄铁矿、方铅矿和闪锌矿溶解在盐酸中并提纯粗氯化锌。他们已经知道源自该区的矿石有时含铊，于是想寻找绿色的铊放射光谱线，但取而代之的，却找到了一条明亮的蓝线。根据经验该蓝线并不符合任何已知元素，于是他们先假定矿物中出现了新的元素，并用希腊文中"indikon"（靛蓝）一词将其命名为"indium"（铟）。到了1864年，里希特成功分离出了铟金属。

铟在地壳中少且分散，约为十万分之一，属于稀散金属。它不能形成独立矿物，只能星星点点地存在于铁闪锌矿、赤铁矿、方铅矿以及其他多金属硫化物矿石中。

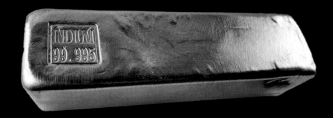

▲ 银灰色的铟块

拥有"奇妙的铟效应"

铟的第一个大规模应用是在第二次世界大战期间被用于高性能飞机发动机中的轴承涂层，以防止轴承被损坏和腐蚀——铟对金属有良好的润湿性，易于在轴承的表面形成一层牢固的保护涂层，使轴承具有良好的抗腐蚀性能，特别是能阻止碱性溶液的腐蚀作用。在轴承的表面镀上铟，可使轴承的使用年限比拥有普通镀层的轴承延长5倍之多。铟涂层具有鲜艳的色泽而且易于抛光打磨。此外，铟镀层也可以用于装饰工艺方面，如在各种镜子、反光镜和反射器的表面镀上铟，则其反射性能会大大加强并耐海水的侵蚀，因此海上船舶的反光镜常用到这种镀层。

由于铟的熔点较低，所以可与其他金属一起制成易熔合金。熔点在47～122℃的这类含铟合金多被用于制造各式各样的保险丝、熔断器、控温器及信号装置等。铟的许多易熔合金还可被用作钎焊料，能使压电材料制成的零件相互牢固地焊接在一起；在制作多层集成电路时，选用含铟成分的钎焊料是至关重要的一步。铟合金因其熔点低，抗疲劳性和延展性好，导电、导热性好，可靠性高，尤其对玻璃、陶瓷等非金属具有良好的润湿性，因此铟基钎料已被广泛应用于电真空器件、玻璃、陶瓷和低温超导器件的钎接。

一种由铟和镓的金属合金制成的晶体管，在室温下呈现出液态，被称为人类利用金属的"第二次革命"。液态金属让高度灵活性、智能性和可控性的柔性计算系

▲ 镀铟轴承

▲ 铟被用于高性能飞机发动机中的轴承涂层

◀ 牙科镍补物材料中添加少量金属铟之后，可以显著地提高镍补物抗腐蚀能力和硬度

▼ 液态铟镓合金

▼ 用于海上游艇的反光镜

允成为可能，或许借此能够
开辟出形变机器人等新领域
的探索之路。

　　铟还在口腔医学领域
大有作为。如今，被人们用
作假牙的合金基本上都是以
金、银和钯为主要成分并添
加了 0.5% ～ 10% 铟的合
金。牙科镶补物的材料中添

加少量金属铟之后，可以显
著提高这些镶补物的抗腐蚀
能力和硬度。许多合金在掺
入少量的铟之后，可提高该
合金的强度、延展性，以及
抗磨损与抗腐蚀性能等。铟
因此得到了"合金维生素"
的美誉，也有人称之为"奇
妙的铟效应"。

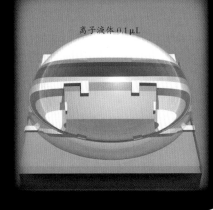

离子液体 0.1 μL

◀ IBM 开发出一种工作高
效且省电的液态晶体管

现代生活不可或缺的
导电玻璃 ITO

铟 被大量制成 ITO 膜，
这是一种具有良好透
明导电性能的金属化合物，
具有禁带宽、可见光谱区光
透射率高和电阻率低等特
性。ITO 膜在厚度只有几千
埃的情况下，因其中的氧化
铟透过率高、氧化锡导电能
力强，故能在不影响玻璃透
光性的条件下，使其获得导
电性。

　　ITO 导电玻璃被广泛地
用于液晶显示器 (LCD)、太
阳能电池、平板显示器件、
手机电视、特殊功能窗口涂
层以及光电子和各种光学领
域。它也是目前 LCD、等
离子显示器（PDP）、有

机发光二极管（OLED）、
触摸屏等各类平板显示器件
唯一的透明导电电极材料。
目前，全球铟消耗量中的
70% 都被用来生产 ITO 靶
材，但因作为透明电极涂层
的 ITO 铟靶材的应用量在不
断地急剧增长，使得铟需求
量正以年均 30% 以上的增
长率递增。

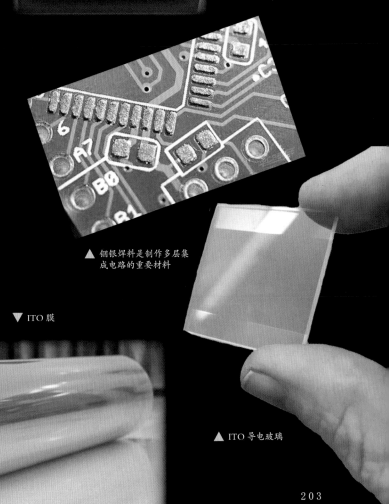

▲ 铟银焊料是制作多层集
成电路的重要材料

▼ ITO 膜

▲ ITO 导电玻璃

锑（Sb）战略资源小金属

锑	antimony
原子序数	51
熔点	630 ℃
沸点	1 635 ℃
密度	6.697 g/cm³

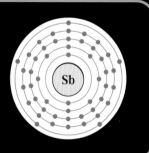

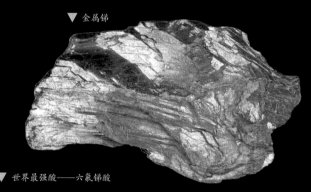

▼ 金属锑

▼ 世界最强酸——六氟锑酸

▼ 德国修道士瓦伦丁写的《锑的凯旋》

最强的腐蚀酸

锑是全球性稀缺金属元素，有毒，银白色，质脆而有光泽，低熔点，无延展性，常温下不会被空气氧化，具有抗腐蚀性能。目前已知锑有四种同素异形体——一种稳定的金属锑和三种亚稳态锑（爆炸性锑、黑锑、黄锑）。不同寻常的是，金属锑有热缩冷胀性，液态锑在受冷凝固时，体积反而稍有膨胀。

锑化合物五氟化锑和氢

▼ 锑矿物

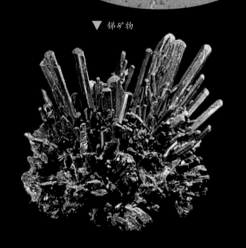

CVRRVS
TRIVMPHALIS
ANTIMONII.
FRATRIS BASILII VALENTINI
Monachi Benedictini.
OPVS
Antiquioris Medicinæ & Philofophiæ Hermeticæ
ftudiofis dicatum.
E' Germanico in Latinum verfum operâ, ftudio & fumptibus
Petri Ioannis Fabri Doctoris Medici Monfpelienfis.
Et notis perpetuis ad Marginem appofitis ab eodem
illuftratum.

TOLOSÆ,
Apud PETRVM BOSC.
M. DC. XLVI.

氟酸混合起来，可制出六氟锑酸，这是迄今为止最强的路易斯酸，其酸性通常是纯硫酸的 1 019 倍，号称"终极腐蚀者"。用这种酸腐蚀玻璃时，如同用水浸透纸张一样轻而易举。

英文名背后的故事

锑的拉丁文名称"stibium"和元素符号"Sb"均来自辉锑矿"stibnite"，但是锑的英文名称却不简单。17 世纪初，德国修道士瓦伦丁写了《锑的凯旋》一书，这本书描述了如何提取金属锑，锑的英文名就由此固化为"antimony"。但"antimony"是否有"僧侣杀手"的意思呢？中世纪时，锑被僧侣们用作炼金术原料，但他们并不了解锑的毒性，只是在接触过多锑后离奇死去了，"僧侣杀手"锑或许因此而得名。

含锑的主要矿物是辉锑矿（Sb_2S_3），早在公元 3100 年前的埃及王朝时代，中东妇女便用从锑石中精炼提纯的锑粉涂在眼圈附近画出浓重的眼影，埃及艳后克娄巴特拉的妆容便是典型。锑有毒，但是人类使用锑来治疗疾病的历史已经超过 3 000 年，锑曾被用作泻药、催吐药等，还被用于治疗发热、天花、水肿等，不乏有的病人在接受治疗的过程中中毒而死。甚至有人认为可能正是因为过量使用了锑药物才导致天才音乐家莫扎特在 35 岁时早逝。目前，在发展中国家，五价锑化合物还被用于治疗皮肤利什曼病或黏膜皮肤利什曼病。

▲ 锑粉被古代中东妇女用来画眼影

奥地利天才作曲家莫扎特去世已经两百余年，有说其死亡是因过量使用锑药物所致 ▶

热缩冷胀特性大有用途

从古至今，从使用金属锑和辉锑矿到使用锑合金和金属锑化物，锑被广泛用于生产各种合金、玻璃、半导体元件，以及医药化工、国防军工等领域，被称为"工业味精"。其中，锑的热缩冷胀特性可以用于寒冷环境下的容器与管材，或者炮管内壁与弹头外壁，这一特性也可以改变合金硬度，因此在各式各样的国防武器中均有锑金属合金的身影。中世纪，人们曾利用锑金属热缩冷胀的特性，将其用于制作铅字——人们在制造铅字时，就会往铅字合金里加入一些锑，当熔化的铅字合金浇入铜模里冷却凝固时，合金发生膨胀，字的笔画就会清晰地凸显出来。

▼ 在寒冷的北冰洋，导弹发射管内壁和弹头的外壁正是含锑合金的用武之地

具有不可替代的阻燃性

金属锑化物被认为是一种很有前途的高能量密度锂离子电池的负极材料。高纯金属锑可被用作生产半导体、电热装置、远红外装置的理想材料；锑的高强度及耐腐蚀特性令其成为机械齿轮转轴的关键生产材料；锑的低燃点则令其在消防阻燃方面具有不可替代性——在易燃材料中加入三氧化二锑形成的锑卤化物可使其成为难燃材料。锑在阻燃材料、阻燃剂领域中的消耗量占了锑总消耗量的 60%。

▲ 用三氧化二锑阻燃剂灭火

战略稀缺金属

锑是全球性稀缺的金属。我国是世界上锑资源储量最大的国家，占全球锑资源总储量的 52%。西方国家均将锑作为重要战略物资进行严格管控和储备。我国自然资源部发布的《全国矿产资源规划（2016—2020年）》中，将锑等 24 种矿产列入战略性矿产目录。虽然目前中国仍是全球第一锑矿储量大国，但过度开采已使我国的锑矿资源的保障程度不断下降。根据美国地质调查局（USGS）采用的储量与产量的静态储产比计算，中国的锑矿可开采年限仅为 4.9 年，低于世界平均水平 10.95 年。

锑作为我国四大战略资源中最稀缺的金属，主要被应用于阻燃剂、合金材料、铅酸蓄电池、半导体、军工和化工等领域。预计"十四五"期间中国的锑消耗增量还会有较大增长。

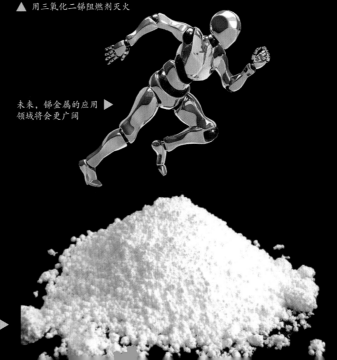

未来，锑金属的应用领域将会更广阔 ▶

三氧化二锑阻燃剂 ▶

铪（Hf）与锆类似的元素

铪	hafnium
原子序数	72
熔点	2 227 ℃
沸点	4 602 ℃
密度	13.31 g/cm³

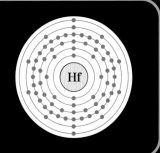

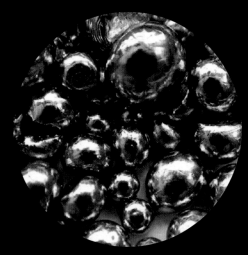

▲ 纯金属铪，一种银白色的过渡金属

一种迟迟未发现的元素

铪是 1923 年才在哥本哈根被发现的。瑞典籍匈牙利化学家赫维西和荷兰物理学家科斯特对从挪威产的矿石锆英石反复进行 X 射线分析和分类结晶，从而发现了铪。他们为其命名的拉丁文名称为"hafnium"，该名源于拉丁文"Hafnia"，是丹麦首都哥本哈根的古称"哈夫尼亚"，用以纪念该元素的发现地点；他们还用其拉丁名称第一个字母的大写与第三个字母的小写组成它的元素符号——Hf。

在元素周期表中，铪的前面有一连串的镧系元素，由于镧系收缩的缘故，铪的离子半径和锆的离子半径几乎相等。因此，铪的化学性质和锆非常相似，要想将两者分离开来比分离其他任何两种元素都要困难——铪的地壳含量虽较丰富，但迟迟未能被发现，原因就在于此。

铪属于亲氧元素，自然

▲ 斜锆石

208

界中没有铪单质存在，也没有它的独立矿床，铪总爱跟锆共生在一起，所有含锆的矿物中都含有铪。铪常以化合物的形式蕴藏在锆石矿、斜锆石矿、独居石矿和风信子矿中。铪在地壳中的丰度居第 45 位，约为 3 g/t。

与邻居锆相辅相成

▼ 铪反应堆控制棒

铪在元素周期表中位于锆的下面，这对邻居的差异很有趣。铪吸引中子的能力很强，因此被用于制造原子反应堆控制棒；而与之化学性质相似的锆对中子则几乎是透明的，对中子吸收率很低，被用于燃料棒的覆盖，两者形成了很好的对照。它们对于核反应堆都极其重要，但用途截然不同，因此必须把这两种元素加以分离，尽管这样做极其困难并且代价高昂。

▼ 这台龙门高速钻床再配上含铪的高速合金钻头就不得了了，多少坚硬的材料都被它征服

利用铪高熔点和抗氧化性强的特性，可将其用来制作既锋利又耐磨的高速钻头；铪钨、铪钽或铪钼等难熔合金，可用作高压放电管的电极、灯丝和电热丝；金属铪作为液压油的添加剂，具有很强的抗挥发性，可防止在高温作业时液压油的挥发；可利用铪释放的电子使空气电离来制作空气等离子切割机。铪的多种用途及良好的发展前景，使人们对其不可小觑。

占据熔点最高物质的榜首

世界上已知熔点最高的物质是铪合金（Ta₄HfC₅），其熔点高达 4 215 ℃。铪参与制作的耐高温、抗腐蚀的碳钽合金，被用于制造喷气发动机、导弹、火箭的耐高温部件；铪参与制作的耐高温、耐摩擦的钨钼钽合金，可作为火箭喷嘴和滑翔式重返大气层的飞行器的前沿保护层。

2007 年后，二氧化铪由于在新一代微处理器芯片中的运用而声名鹊起。使用二氧化铪后，可以进一步缩小芯片中晶体管的尺寸，这意味着与前一代芯片相比，新的芯片能够容纳更多的晶体管，也更加节能。

"阿波罗"登月飞船的含铪火箭喷管 ▶

◀ 铪合金用于火箭飞行器

钽（Ta）金属王国的多面手

钽	tantalum
原子序数	72
熔点	2 996 ℃
沸点	5 425 ℃
密度	16.6 g/cm³

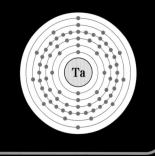

腐蚀性能极为优异，不溶于硫酸、盐酸、硝酸、王水，但溶于氢氟酸和熔融碱，具有极高的抗腐蚀性。无论是在冷的条件下还是在热的条件下，钽对盐酸、浓硝酸及"王水"都无反应；在175℃的浓硫酸中泡上1年，其被腐蚀的厚度也仅为0.000 4 mm。

▲ 铌钽矿石

世界上最耐酸的金属元素

1802年，瑞典化学家安德斯·古斯塔夫·埃克伯格在分析北欧钽铁矿和铌钽矿中的元素时，从它们的氟化复盐中得到了一种新元素——钽。在溶解这些矿石时，埃克伯格发现这些矿物几乎不被常用的酸溶解，他克服了很多困难，最后以氟化复盐的方式获得成功。这种元素太难得了！埃克伯格遂以宙斯之子坦塔罗斯的名字命名了它——"tantalum"（钽）。

由于铌、钽的化学性质十分接近，在自然界中几乎都是相伴相生于矿石中，人们曾一度认为它们是同一种元素。直到1864年，科学家们才最终证实了铌和钽是两种不同的金属元素。

钽是高密度、高熔点稀有金属。因为其表面易生成致密的高化学稳定性的五氧化二钽膜（Ta₂O₅），其耐

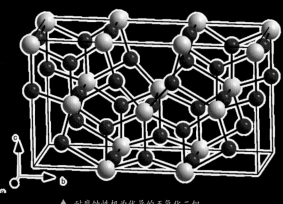

▲ 耐腐蚀性极为优异的五氧化二钽

宜制作电容器

制作电容器时，通过增加电极面积、减小极间距离的方式，可使电容器容量上升。我们将微米级粒度的钽粉压制、烧结成块后，可得到内外表面积很大的钽金属多孔体；然后通过阳极氧化，在钽多孔体内外表面上生成一层致密的、厚度以纳米计的 Ta_2O_5 膜；最后在膜的外表面覆上一层 MnO_2 阴极，就得到了体积小、容量大的钽电解电容器。由于 Ta_2O_5 膜有很好的化学稳定性和很小的漏电流，这样就得到了一种高品质的电解电容器。这种电容器全球年产 100 多亿支，在手机、电视、雷达、卫星等装置上有广泛的应用。

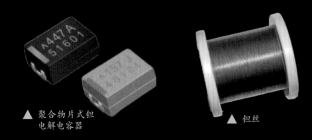

▲ 聚合物片式钽电解电容器　　▲ 钽丝

▲ 钽铌人工晶体

▼ 列管式钽换热器

占据熔点最高物质的榜首

Ta_2O_5 主要被用作金属钽、钽合金、钽碳化物、钽铌复合物、光学玻璃和钽酸锂晶体的原料。金属钽除具有特殊的耐腐蚀性能外，还有良好的强度、抗冲击韧性、塑性和优良的加工性能以及与人体良好的亲和性。钽丝的主要用途是制作钽电容器的阳极引线，在医疗、电光源以及耐腐蚀丝网编制中也得到应用。

钽铌人工晶体主要成分

是钽酸锂、铌酸锂，是重要的压电、热电和非线性光学材料，在激光和微声表面波等技术领域中有重要用途。衬钽反应釜和列管式钽换热器在酸性介质中有不可替代的应用。

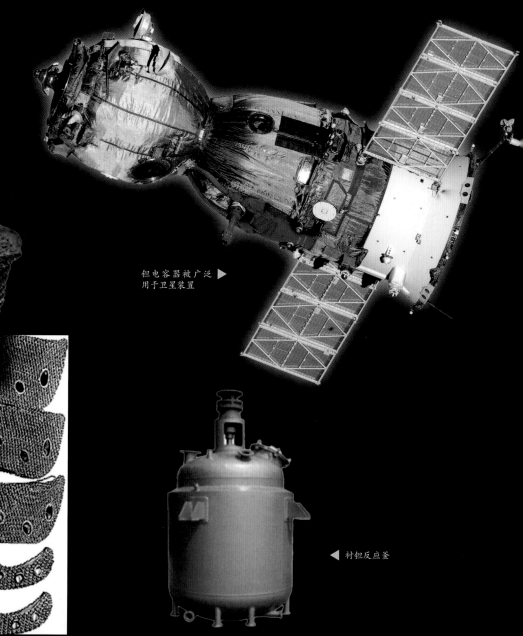

▼ 多孔钽植入体与人体关节和韧带动态接触，致密部分要求光洁度达到镜面，并且端头内部留有 2 mm 的孔道，用于术中韧带固定

钽电容器被广泛▶
用于卫星装置

◀ 衬钽反应釜

钨（W）世界上最难熔的金属

钨	wolfram
原子序数	74
熔点	3 410 ± 20 ℃
沸点	5 660 ℃
密度	19.35 g/cm³

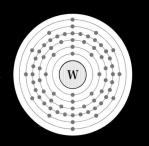

称谓来源于联想

1781年，瑞典化学家舍勒用硝酸分解瑞典出产的重石（又名黑钨矿）制得一种白色沉淀物，他声称：这种白色沉淀物里可能有一种新的金属元素。受此启发，1783年，西班牙两位化学家德尔鲁亚兄弟用木炭还原这种白色沉淀物果然得到一种新金属。这是人类发现的第26种元素，他们用来自瑞典语的"tungten"为其命名为"tungsten"，意思是"重石"。

美国和英国一直沿用这一名称。1959年，国际纯粹化学和应用化学联合会将钨的拉丁文名称定为"wolfram"，并取其第一个字母的大写体作为它的元素符号——W。该名源自德文"wolfsfroth"，意思是"狼唾沫"。因为锡矿与钨矿经常伴生在一起，在提炼锡的时候，钨矿会产生像唾沫一样的泡沫，这些泡沫会降低锡的产量，让人联想到饿狼吞噬小羊。

大自然对中国的恩惠

钨 属于亲氧元素。钨在自然界中无游离状态的单质存在，主要以化合物形式蕴藏在黑钨矿、白钨矿中。黑钨矿约占全球钨矿资源的30%，白钨矿约占70%。钨的地壳丰度居第58位，约为1 g/t。我国的钨储量最多，约占全球总储量的80%，主要分布在江西大余和湖南柿竹园。20世纪30年代初期，钨矿的输出曾经是中国红色苏维埃政府的一大笔财政来源。

钨是银灰色金属，硬度高、密度大，但纯钨延展性却很好，1 kg 纯钨可拉成400 km 长的细丝。在所有金属中，钨具有最高的熔点与沸点。钨的密度要比铅大很多，几乎与金相同。钨的化学性质不活泼，常温下，在空气和水中均无反应，是耐腐蚀性很强的两性金属。

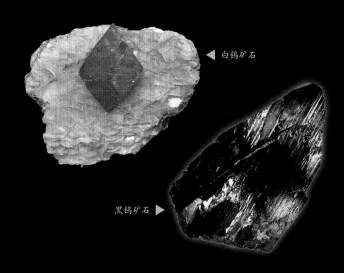

◀ 白钨矿石

黑钨矿石 ▶

高熔点、高硬度特性的用武之地

全球的钨有一半以上都用来与碳结合生成硬质合金碳化钨。1890 年，法国化学家莫瓦桑在尝试人工合成金刚石时偶然发现了碳化钨这种硬度接近金刚石的极为坚硬的物质。钨能够提高钢的强度、硬度和耐磨性，被广泛用在各种钢材的生产中；加入了钨元素的钢材常被用来制造切削工具、矿山工具和机床工具。碳化钨还是较受欢迎的制造珠宝的材料。在军事工业上，人们则使用它来制造可穿甲的子弹和炮弹。当然，军队也使用另一种类似的致密元素贫铀，以得到同样效果；但贫铀却因其具有的放射性和毒性而臭名昭著，受到人们声讨，钨却没有放射性且毒性低。

用渗银钨做成的喷管可经受 3 100 ℃以上的高温，被用于多种类型的导弹和飞行器；用钨纤维复合材料制成的火箭喷管，能忍耐 3 500 ℃以上的高温；用钨银合金制作的闸刀开关、断路器、点焊电极，既具有银的良好导电性和导热性，又具有钨的耐磨性和耐高温性。

钨的密度与黄金的密度几乎相同，曾经发生过假黄金骗贷事件：造假者用镀金的钨块冒充金条从银行质押骗贷，涉案金额超过百亿元。

电镀钨比镀金还好看，不仅成本低，还能达到以假乱真的程度，所以在一些装饰品上常能看见钨的身影。

钨还有过一段光辉历史——地球人都知道——就是用于制成白炽灯泡的灯丝。钨丝灯曾经一统天下，直到 20 世纪末才为节能灯所取代。

▲ 人们使用的很多工具中都含有金属钨

▼ 钨基硬质合金工具

▼ 钨被用于号称"航母杀手"的"东风-21D"的核心材料中

▼ 白炽灯泡的灯丝是钨丝

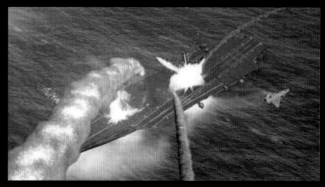

由于钨的比重与黄金相似，表面镀上黄金后完全可以以假乱真

绿色顶部表示这是纯钨电极▶

▼ 制造火箭离不开金属钨

铼（Re）成就航空发动机核心的金属

铼	rhenium
原子序数	75
熔点	3 180 ℃
沸点	5 627 ℃
密度	21.02 g/cm³

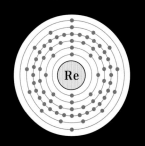

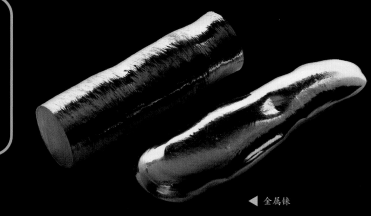

◀ 金属铼

自然界中最后一个被发现的元素

铼是拥有稳定同位素的元素中最后一个被发现的。1871 年，门捷列夫就曾预测在元素周期表中还存在一个尚未被发现的原子量为 190 的"类锰"元素。1914 年，英国物理学家亨利·莫塞莱推算了有关该元素的一些数据。1925 年，德国化学家沃尔特·诺达克、伊达·诺达克、奥托·伯格用 X 射线在铂矿和铌铁矿中探测到了这种元素，并根据莱茵河的名字"Rhein"将该元素命名为"rhenium"（铼）。后来，他们在硅铍钇矿和辉钼矿内也发现了铼。1928 年，他们用 660 kg 辉钼矿提取出了 1 g 铼元素。有趣的是，1908 年，日本化学家小川正孝宣布发现了第 43 号元素，并根据"Nippon"（日本）一词将其命名为"nipponium"，

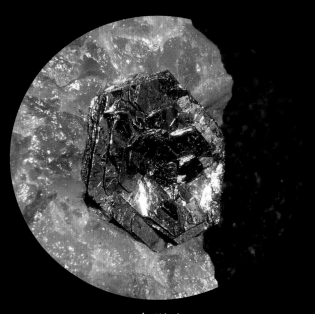

▲ 辉钼矿

元素符号为"Np"（Np是第93号元素镎的化学符号）。但是，2004年，日本有学者用X射线重新检验了小川正孝家族保留下来的方钍石样品，结果表明该样品中所含的并不是43号元素，而是75号元素"铼"，因此小川正孝很可能是发现铼的第一人。

铼稀少且很难提炼，因此这种稀缺资源成为人类发现最晚的天然金属元素。

铼是一种稀有的难熔金属，在地壳中，铼形成的概率比黄金低得多，平均含量估值为十亿分之一，是地球地壳中最稀有的元素之一。

它不仅具有良好的塑性、机械性和抗蠕变性能，还具有良好的耐磨损和抗腐蚀性能。

铼是极度分散且极其稀少的元素。它很少作为一种金属或其独立矿物存在，主要为辉铼矿、铜铼矿和铼铜矿；含铼矿物主要包括辉钼矿、铌铁矿、辉铜矿、白钨矿等。目前，斑岩型铜钼金矿床是世界上产铼原材料的主要来源。根据美国地质调查局（USGS）的报告，全球的铼储量只有2 453 t左右，而我国的铼储量则只有237 t。

成就航空发动机心脏

20世纪80年代，铼首次被应用于喷气涡轮发动机叶片的制造，由于铼的熔点高达3 180 ℃，并且具有机械稳定性好、可塑性强等优异的物理及化学性能，此后，便成为航空发动机制造中无法替代的关键原料，全球80%的铼用量都用在了航空发动机工业中。铼镍合金是现代喷气发动机叶片、涡轮盘等重要结构件的核心材料。铼的加入能够提高镍基高温合金的蠕变强度，使镍基高温合金的高温性能得到很好的改善；铼还可以制造出用于单晶叶片的合金。由此，涡轮可以采用更高的涡轮压力，在更高的温度下工作，使得作业效率更高，产生更大的推力。此外，人们可以把作业温度维持在较低水平，扩大实际作业温度和涡轮机最高允许温度的

沸点最高的稀有难熔元素

铼是一种银白色金属，其熔点是所有元素中仅次于钨和碳的，而沸点则居首位；其密度排第四位，前三位分别为铂、铱和锇。铼金属非常硬，耐磨性好，且在退火时延展性很高，可弯曲卷起。其在1.697 K ± 0.006 K（−271.453 ℃ ± 0.006 ℃）时会变成超导体。铼的化学性质十分稳定，在标准温度和压力下与碱、硫酸、盐酸、稀硝酸以及王水都不发生反应。铼只有一种稳定同位素^{185}Re，存量亦极低。自然产生的铼当中有37.4%的^{185}Re以及62.6%的放射性^{187}Re。后者的半衰期长达1 010年，故可用于铼锇定年法，以测量矿石的年龄。

铼金属是飞机发动机的 ▶ 核心材料

差值，从而延长涡轮机的使用寿命。铼已经成为飞机发动机涡轮的核心材料，被誉为改变航空业的金属。据悉，被用于"F-22"和"F-35"发动机中的镍铼合金中的铼含量已经达到6%。

用于"F-22"战斗机的 ▶
发动机试验场景

▼ 中国最强发动机。据悉，"AEF3500"涡扇发动机的推力能够达到35 t，是我国目前推力最大的航空发动机，其性能已达世界尖端水平

独特的"铼效应"

铼能够同时提高钨、钼、铬的强度和塑性，人们把这种现象称为"铼效应"。如添加少量（3% ~ 5%）的铼能够使钨的再结晶起始温度升高 300 ~ 500 ℃。钨铼合金和钼铼合金具有良好的高温强度和塑性，可加工成板、片、线、丝、棒，可用于制造特种电子管和彩色显像管的灯丝、高温部件、热电偶，航天、航空器的高温结构件如喷口、喷管等，以及弹性元件和电子元件等。

铼－铂合金是一种重要的催化重整催化剂，催化重整能够提高石脑油的辛烷值；在催化重整的催化剂中，含有 30% 的铼。在氧化铝矾土表面包覆一层铼，可作为烯烃复分解反应的催化剂。含铼催化剂可抗御氮、硫和磷的催化剂中毒现象，因此常被用在某些加氢反应中。此外，铼还可用作净化汽车尾气的催化剂，而铼的硫化物则可用作甲酚、木素等的氢化催化剂。

▼ 中国的"歼 20"与"运－20"

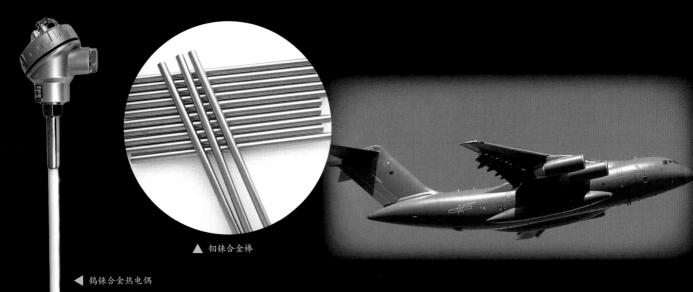

▲ 钼铼合金棒

◀ 钨铼合金热电偶

汞（Hg）流动的有毒金属

汞	mercury
原子序数	80
熔点	−38.87 ℃
沸点	356.58 ℃
密度	13.55 g/cm^3

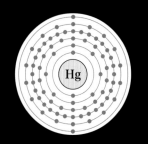

常温下以液态形式呈现的金属

汞，俗称水银，在自然界中分布量极小，被认为是稀有金属。汞在常温、常压下以银白色闪亮液态重质金属形式存在，化学性质稳定，不溶于酸也不溶于碱。常温下即可蒸发，汞蒸气和汞的化合物多有慢性剧毒。

汞导热性差，而导电性较佳，通常被用作电学测量标准。汞被誉为金属的溶剂，能溶解大部分普通金属形成合金，包括金、银、铜、锡、铅等多种金属，但不包括铁，这些合金统称为汞合金或者汞齐。汞具有稳定的体膨胀系数，其金属的活跃性低于锌和镉，不能从酸溶液中置换出氢。

汞，又称"水银" ▶

人类应用较早的金属之一

人类对汞的认知可以追溯到 3 000 年以前，天然的硫化汞又被称为朱砂、丹砂或辰砂，因具有鲜红色泽而很早就被古人用作装饰及涂料。我国殷墟出土的甲骨文上涂有朱砂，这证明中国在有史以前就使用了天然的硫化汞；后世人们又用硫化汞为帝王们调制成可写批文的红墨汁，称为"朱批"，以至发展成印泥，延续至今。

汞最常用的用途是制造工业用化学药物以及被用在电子或电器产品上。冶金工业常用汞齐法提取金、银和铊等金属。化学工业用汞作阴极以电解食盐溶液制取烧碱和氯气。医药上有许多汞的化合物：像日常外伤用的红药水，作泻药用的甘汞、消毒用的升汞、中药用的朱砂等都是汞的化合物。汞银合金曾经是良好的牙科材料。化妆品里添加汞可以起到美白的效果。中医学上，汞被用作治疗恶疮、疥癣等药物的原料。汞也可被用作精密铸造的镀膜和原子反应堆的冷却剂以及镉基轴承合金的组元等。由于其密度非常大，早在 1643 年，意大利物理学家托里拆利第一个利用汞测出了大气压的准确数值，也就是今天我们熟悉的标准大气压——760 mmHg。

▲ 朱砂原石

▲ 最主要的汞矿物原料

恐怖的有毒金属

汞在人类历史发展中起过积极的作用，但是，汞是唯一一个能在生态系统中参与完整循环的重金属。汞以元素状态参与土壤、水体、气体和生物圈的迁徙和转化。空气中的汞很容易从一个地区转移到另一个地区，并自然沉降至动植物之上——如将汞排入水里，它会通过食物链进入到鱼虾体内累积；如将汞沉入土地，它会在细

▲ 体温计

世纪发生在日本的"水俣病"事件曾震惊世界，就是汞中毒的典型恐怖案例。

2013年，联合国环境规划署在日本熊本市主办"汞会议"并表决通过了《水俣公约》，包括中国在内的87个国家和地区的代表共同签署公约。根据《水俣公约》，人们开展了一系列致力于减少汞污染的措施，如禁用含汞催化剂；禁止生产含汞开关、继电器和电池等；禁止生产含汞体温计和含汞血压计等。

《中华人民共和国水污染防治法》明确禁止将含有汞、镉、砷、铬、铅、氰化物、黄磷等的可溶性剧毒废渣向水体排放、倾倒或者直接埋入地下。我国生活饮用水水质标准中对汞的含量做出严格限制，规定饮用水中的汞含量不得超过0.001 mg/L。2017年，根据世界卫生组织国际癌症研究机构公布的致癌物清单的初步整理，汞和无机汞化合物在三类致癌物清单中。

随着科技进步及新材料的发展，汞在工业上的应用逐渐为其他材料所替代，汞的使用量逐渐减少，全面淘汰汞的生产可能为期不远了。

◀ 气压计

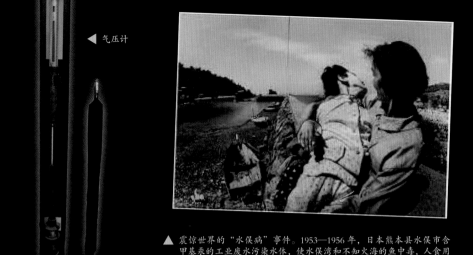

▲ 震惊世界的"水俣病"事件。1953—1956年，日本熊本县水俣市含甲基汞的工业废水污染水体，使水俣湾和不知火海的鱼中毒，人食用毒鱼后受害。1972年，日本环境厅公布：水俣湾和新县阿贺野川下游有汞中毒者283人，其中60人死亡

▼ 汞在生态系统参与完整循环

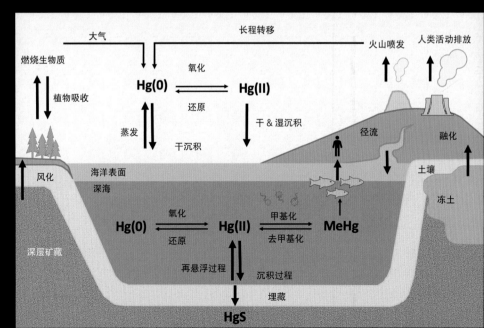

铊（Tl）美丽的杀手

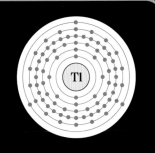

铊	thallium
原子序数	81
熔点	303.5 ℃
沸点	1 457 ℃
密度	11.85 g/cm³

▲ 硫砷铊铅矿晶体

命名源自绿色谱线

19世纪 60 年代初，在有关改进火焰光谱法的论文发表及铯和铷元素被发现之后，科学家开始广泛使用火焰光谱法来鉴定矿物和化学物的成分。英国化学家威廉·克鲁克斯就用这种新方法来判断德国哈茨山上的一座硫酸工厂进行铅室法过程后的硒化合物中是否含有碲，并于 1862 年分离了一小部分含有新元素的化合物。在对该化合物进行光谱分析后，他发现了之前从未发现过的绿色谱线，于是断定这是一种新的元素；由于在火焰中发出绿光，所以克鲁克斯提议把它命名为"thallium"（铊），该词源自希腊文中的"thallos"，即"绿色的树枝"之意。而另一名法国科学家克洛德－奥古斯特·拉米也用与克鲁克斯相似的光谱仪，对以黄铁矿作为原料的硫酸生产过程中产生的含硒物质进行了光谱分析，同样观察到了绿色谱线，并推断当中含有新

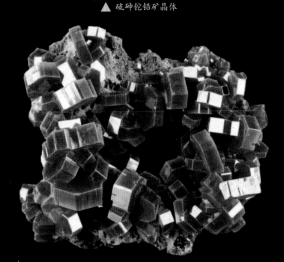

▲ 红铊铅矿

素，也就是克鲁克斯发现的"铊"。此外克洛德－奥古斯特·拉米还判断了多种铊化合物的性质，并通过电解法从铊盐中制得了铊金属。所以后来人们都认为是威廉·克鲁克斯和克洛德－奥古斯特·拉米分别利用火焰光谱法，各自独立发现了铊元素。

铊在地壳中是典型的稀有分散元素，主要存在于黏土、土壤和花岗岩中的钾基矿物中。要从这些矿物里获取铊很不容易，铜、铅、锡等金属硫化矿中含有的微量铊，才是铊最大的实际来源。

铊是有毒性的，对人体的毒性超过了铅和汞。铊在地壳中的丰度约为 1 g/t。

铊金属非常软，延展性很高，在室温下可以用刀切割。它具有金属光泽，但在接触空气之后，会变为蓝灰色，与铅相似。长期置于空气中的铊会形成厚厚的氧化表层。要保存它的光泽，可以将其浸泡在油里。铊与湿空气或含氧的水会迅速反应生成氢氧化铊。室温下铊易与卤素作用，而升高温度时可与硫、磷起反应，但不与氢、氮、氨或干燥的二氧化碳起反应。

▲ 金属铊

工业用途非常重要

始于医药，终于毒性

人们发现铊元素之后，最开始是用铊的化合物如醋酸铊来治疗头癣等疾病，因为服用铊盐会导致毛发脱落，这对于应对癣类疾病有帮助。不过此用途颇为有限，因为铊盐的治疗指数区间较窄，更先进的相应药物也很快将其淘汰。硫酸亚铊无臭无味，曾被广泛用作杀鼠剂和杀虫剂。但是，自1972年起，美国已禁止硫酸亚铊的使用，其他国家也接着陆续实施禁令。

铊其实是一种剧毒的元素，自其被发现以来，铊中毒的事件从未停止过。许多国家和地区已限制或禁止使用铊化合物。铊与砷一样，在作为毒药杀人的历史上臭名昭著。

溴化亚铊和碘化亚铊晶体硬度较高，而且能够透射波长极长的光线，所以是良好的红外线光学材料，商品名为"KRS-5"和"KRS-6"，已被用于衰减全反射棱镜、透镜和窗口的红外光谱分析等。氧化亚铊可用来制造高折射率玻璃，而与硫或硒或砷结合后，可以制成高密度、低熔点（125~150 ℃）的玻璃。这种玻璃在室温下的特性和普通玻璃相似，耐用、不溶于水，且具有特殊的折射率

填充碘化铊的高压汞铊灯是一种非常好的绿色光源，它可以优化灯泡温度和显色性，并将光谱转移到绿色区域，这对水下照明非常有用，在信号灯生产和化学工业光反应的特殊发光光源方面应用广泛。

铊在电子工业领域也有许多应用，如由于硫化亚铊的电导率会随红外线的照射而变化，所以能被应用于光敏电阻；硒化铊可被用于辐射热测量计中，以探测红外线；在硒半导体中掺入铊

可以提高其效能；铊的另一项应用是在伽马射线探测器中的碘化钠里作掺杂物——碘化钠晶体内掺入少量铊，可以增强它产生电离闪烁的效果；氧分析仪中的一些电极中也含有铊元素。

人类对铊矿的开采利用及工业排放加剧了铊对环境的污染，铊对人体的毒性超过了铅和汞，近似于砷。其化合物具有诱变性、致癌性和致畸性，导致多种癌症疾病的发生，危害性极大。随着对铊毒副作用的更深入研究和了解，很多国家为了避免铊化物对环境造成污染，纷纷限制或禁止使用铊。

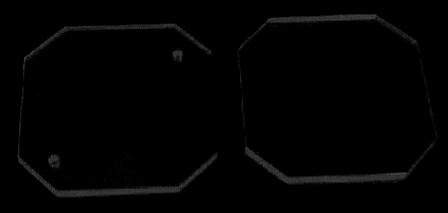

▲ "KRS-5" 红外线光学材料

 ◀ 发绿光的铊灯

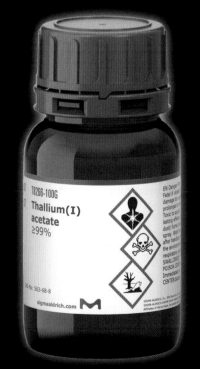

◀ 曾用于脱发的醋酸铊

铋（Bi）彩虹金属

铋	bismuth
原子序数	83
熔点	271.5 ℃
沸点	1 564 ℃
密度	9.8 g/cm³

目前，我国是世界上铋储量和产量最大的国家，占世界总储量的 75%。

铋金属通常都带有彩虹色的光泽，这是由于其晶体表面厚度不一的氧化膜所造成的，它会导致光的干涉。铋金属结晶时外边缘的生长速率比内边缘高，其晶体结构一般呈螺旋阶梯状。铋也是具有最高抗磁性的金属，同时还具有很高的霍尔系数和电阻率。当铋的厚度降低到纳米量级时，它会由金属转化为半导体。

金属铋质脆易碎，导电、导热性差，化学性质和砷、锑相似，室温下不与氧气或水反应，在空气中稳定。加热到熔点以上时会燃烧生成三氧化二铋且发出淡蓝色的火焰。高温下铋也可与硫、卤素反应，生成硫化铋和对应的卤化铋。铋不溶于盐酸，即使是浓硫酸和浓盐酸，也只是在加热时才稍有反应，但能溶于王水和浓硝酸。

具有独特美丽晶体的元素

铋是一种性质独特的半金属元素，其表面的氧化层会呈现出十分绚丽的彩虹色光泽。

很早以前，人们就已知道铋的存在，不过人们容易把它和铅或锡搞混。铋是人类最早发现的十种金属之一。由于铋被发现得很早，因此无法确定是谁最先发现的。1556 年，德意志的 G. 阿格里科拉在《论金属》一书中提出锑和铋是两种独立金属的观点。1753 年，英国的 C. 若弗鲁瓦和 T. 伯格曼证明了这种金属不同于铅和锡，并确认铋是一种化学元素，将其定名为 "bismuth"。

铋在自然界中以游离金属和矿物形式存在，被视为一种相当稀少的金属矿物，其在地壳中的丰度约为 1.7 g/t。铋的主要矿物有自然铋、辉铋矿、铋华、菱铋矿、铜铋矿等，其中以辉铋矿与铋华最为重要。除玻利维亚和中国的广东省怀集县外，几乎没有单独的铋矿床产出。

▲ 铋矿

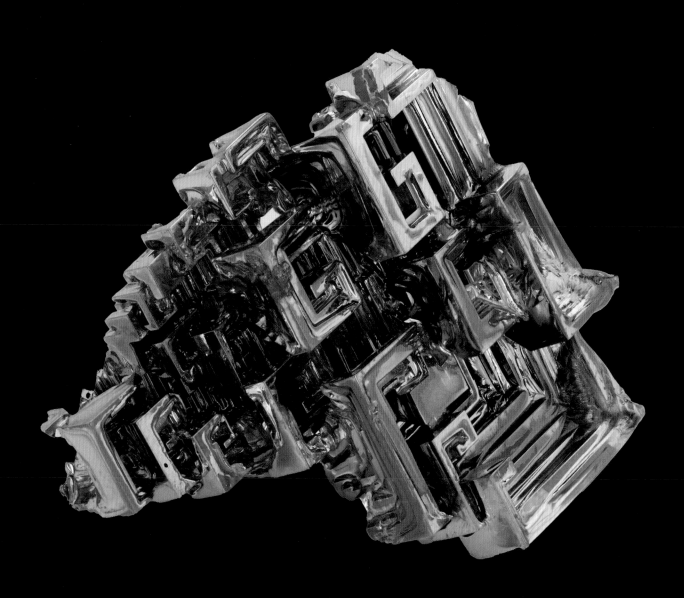

▲ 表面呈彩虹色的铋金属块

低熔点特性被广泛用于
配制合金

易熔合金喷头 ▶

铋的熔点很低，只有约271 ℃，用于配制易熔合金是铋的主要用途之一。铋可与锑、镉、铟、镓、锡、钛等金属配制成易熔合金系列，此类合金的熔点一般在200 ℃以下。利用铋的低熔点性质可制作要求在预定温度熔化的安全装置、保险丝、易熔片等，也可制作低熔点焊料，如著名的伍德合金，用于透镜定位、玻璃密封、电子元件焊接等。

钒酸铋 ▶

铋的很多化合物都是非常重要的半导体材料，在电子工业中扮演着非常重要的角色。它们可用于制造温差制冷元件、高速集成电路、微量放大器、离子雪崩光控二极管、光导摄像显像管，等等。例如，用于太阳能电池温差电器元件的碲化铋锑（$BiSbTe_3$）；用于制造低温温差电源的热电材料碲化铋（Bi_2Te_3）；用于制造半导体器件的硫化铋银（$BiAgS_2$），等等。

用于太阳能电池温差电器元件 ▶

促进颜料工业更加环保

钒酸铋是一种生活中常用的黄色颜料，它色彩鲜艳、无毒性、耐候性好，可被广泛用于涂料、塑料制品及油漆中，代替镉黄、铬黄等毒性颜料。如果在钒酸铋中添加绿色颜料和硫酸钡（用于增加透明度），它也可以代替铬酸钡。与铬酸铅相比，钒酸铋不会因空气中的硫化氢而变黑，并且具有比铬酸铅更亮的色泽，成本也相对较低。所以从给玻璃上色到装饰用金属油漆，铋在颜料工业上的应用与开发是很有前途的；其紫外线吸收涂料还可作为宇航工具涂料而被用于外层空间。

▼ 铋紫外线吸收涂料被用于外层空间

绿色金属前途无量

铋具有无毒和不致癌性，可在医疗领域中代替铅材防护材料，如 X 光透视照相用的铅围裙、癌症放射疗法中使用的铅护板等。铋作为绿色金属，大有取代铅、锑、镉、汞等有毒金属的趋势。铋产品的消耗量每年以 8% 的速度增长，应用领域也在不断拓展，尤其是在化妆品领域应用潜力巨大。

铋系超导材料近年来一直是国际上研究的热点，铋锶钙铜超导线目前已成为四大超导材料之一。

铋吸收 X 射线的能力与铅大体相当，但是铋吸收热中子的截面小而熔点较低，因此液态金属冷却快堆（LMFR）都选用液态高纯铋作为反应堆燃料 ^{235}U 和 ^{233}U 的载体和冷却剂。铋冷却剂还被用于核潜艇，其性能优于氯化钠。铋还可以作为防护装置被用于核裂变装置。铅－铋冷却的核反应堆已装备在阿尔法级核潜艇上。

◀ 铋用于配制指甲油等化妆品

铋用于超导材料（铋锶钙铜氧化物在液氮冷却下有高温超导性）▶

▼ 阿尔法级核潜艇

金属之最

密度最大的金属——锇

锇 (Os) 是一种银白带浅蓝色的金属，质硬而脆。锇的密度为 22.59 g/cm^3，是密度最大的金属单质。

密度最小的金属——锂

锂 (Li) 是一种银白色的金属，质软。锂的密度仅为 0.534 g/cm^3，是密度最小的金属。因为锂原子半径小，故比起其他的碱金属，锂的压缩性最小，硬度最大，熔点最高。

地壳中含量最高的金属——铝

铝 (Al) 是一种银白色的轻金属。铝元素在地壳中的含量仅次于氧和硅，居第三位，是地壳中含量最丰富的金属元素。

人体中含量最高的金属——钙

钙 (Ca) 是一种银白色的金属元素。钙在人体中含量最高，是人体不可缺少的元素之一。99% 的钙分布在人的骨骼和牙齿中，1% 的钙分布在血液、细胞间液及软组织中。保持血钙的浓度对维持人体正常的生命活动有着至关重要的作用。

年产量最高的金属——铁

铁 (Fe) 是一种银白色的金属，质软。在各种金属中，铁的年产量最高——2014 年全球粗钢产量达到 16.62 亿 t。同时，铁也是地壳含量第二高的金属元素。

硬度最高的金属——铬

铬 (Cr) 是一种银白色金属，质极硬而脆。铬是硬度最高的金属，其莫氏硬度为 9，仅次于钻石。

导电性最好的金属——银

在所有金属中，银的导电性是最好的。20 ℃条件下银的电导率为 $6.301 \times 10^7 \text{ S/m}$，排名第二的铜的电导率仅为 $5.9 \times 10^7 \text{ S/m}$。但因为铜比银便宜很多，所以电线一般用铜制作。

熔点最高的金属——钨

钨 (W) 是熔点最高的金属，它的熔点高达 3 380 ℃，沸点是 5 927 ℃。钨的硬度大，密度高，高温强度好。

熔点最低的金属——汞

汞 (Hg) 俗称水银，是熔点最低的金属（ - 38.86 ℃），也是常温常压下唯一以液态存在的金属。（常温也叫一般温度或者室温，一般定义为 25 ℃。我国工程上的常温是按 20 ℃计的。）

金属性最强的金属——铯

铯 (Cs) 是一种金黄色、熔点低、化学性质极为活泼的金属。铯在空气中极易被氧化，生成一层灰蓝色的氧化铯，且不到一分钟就可以自燃起来，发出深紫红色的火焰，生成很复杂的铯的氧化物。

延展性最强的金属——金

金 (Au) 是延性及展性最高的金属。1 g 金可以打成 1 m^2 的金叶，或者说 1 oz 金可以打成 300 ft^2 的金叶。金叶甚至可以被打薄至半透明，透过金叶的光会显露出绿蓝色，因为金反射黄色光及红色光的能力很强。

最昂贵的金属——锎

锎 (Cf) 是一种放射性金属元素，是世界上最昂贵的元素，1 gCf 价值 2 000 万美元。